Introducción a la oleohidráulica

Conceptos y ejercicios resueltos

Samuel Sánchez Caballero
Dr. Ingeniero
sasanca@dimm.upv.es

Antonio Vicente Martínez Sanz
Dr. Ingeniero
anmarsan@mcm.upv.es

Rafael Plá Ferrando
Dr. Ingeniero
rpla@mcm.upv.es

Sergi Montava Jordà
Ingeniero de materiales
sermojo@dimm.upv.es

A Noelia, Diego y Andrea,
por ser el motor de mi existencia.

A mi mejor amigo:
Miguel Ángel Chinarro.
"La amistad es un alma que habita en dos cuerpos,
un corazón que palpita en dos almas."
Aristóteles.
In memoriam.

A Sofía, mis padres y hermana.

Prólogo

Introducción

Las aplicaciones mecánicas de la oleohidráulica adquieren cada vez una mayor expansión de uso en la industria actual, dada la gran facilidad que permiten efectuar la transmisión de grandes y pequeñas potencias con los más variados movimientos.

Los sencillos principios de la oleohidráulica han permitido que la Mecánica moderna posea una serie de técnicas auxiliares que permiten una gran cantidad de aplicaciones. No existe una sola rama de la mecánica donde no haya aplicaciones ventajosas de la técnica oleohidráulica. Por ejemplo, el accionamiento de los timones en el sector pesquero, desplazamiento de las mesas de sujeción en el sector de la maquina herramienta, accionamiento de las prensas en el sector agroalimentario, accionamiento del tren de aterrizaje en el sector aeronáutico, los frenos en el sector automovilístico. Todos ellos, son una ínfima parte de las aplicaciones referidas.

El objetivo de esta publicación es ir introduciendo al lector, sea estudiante de ingeniería o de formación profesional, mecánico o profesional de la industria en una técnica auxiliar muy utilizada en todos los sectores para la transmisión del movimiento o potencia para su perfecta comprensión de una forma sencilla evitando así, la dificultad de localización en librerías especializadas de manuales técnicos, muchos de ellos agotados.

Para ello, los autores de esta publicación utilizarán su experiencia profesional en diferentes sectores (automovilístico, naval, reciclaje, calzado, textil,...) para exponer de forma amena y concisa esta interesante técnica. Sin embargo, aquellos lectores que deseen profundizar pueden consultar la amplia bibliografía que aparece al final del libro.

Agradecimientos

Los autores expresan su más vivo agradecimiento a las firmas comerciales BREVINI ESPAÑA S.A. y POCLAIN HYDRAULICS S.A. por su valiosa aportación de catálogos, manuales de servicio, prospectos, etc..., a esta publicación. Así mismo desean agradecer a Juan José Cerdá Ramón y Daniel Vilaplana Andreo su colaboración en la maquetación en LaTeX de este manual.

Sobre los autores

Samuel Sánchez Caballero

Es Doctor Ingeniero, Ingeniero de Organización Industrial e Ingeniero Técnico Industrial de la especialidad Mecánica por la Universitat Politècnica de València. En el ámbito profesional ha sido director técnico de una empresa de construcción de maquinaria. Profesor responsable de diferentes asignaturas relacionadas con el Diseño de Máquinas y el cálculo por elementos finitos durante 16 años. Ha obtenido cuatro premios Bancaja y ha dirigido un gran número de trabajos de Final de Grado. Es autor de varios libros docentes y de investigación. Es investigador del Instituto de Diseño y Fabricación de la UPV, donde ha formado parte de diversos proyectos multidisciplinares de investigación competitiva y de convenios de I+D+i de diversa temática. Experto técnico de diversas disciplinas relacionadas con la Ingeniería industrial.

Antonio Vicente Martínez Sanz

Es Doctor ingeniero, Ingeniero de Materiales, Ingeniero Técnico Industrial de la especialidad Mecánica por la Universitat Politècnica de València, y también también ingeniero técnico naval por la Universidad Politécnica de Cartagena. Actualmente es profesor técnico de Máquinas de Vapor en el Instituto Politécnico Marítimo Pesquero del Mediterráneo de la Generalitat Valenciana. Profesor universitario de las asignaturas de Ingenieria de Diseño y Diseño de Máquinas entre otras. Ha dirigido un gran número de proyectos Trabajos de Final de Grado. Autor de diversos libros docentes y de investigación. Es investigador del Instituto de Diseño y Fabricación de la UPV, donde ha formado parte de diversos proyectos multidisciplinares de investigación competitiva y de convenios de I+D+i con empresas de diversa temática. Experto técnico de diversas disciplinas relacionadas con la Ingeniería industrial y naval.

Rafael Plá Ferrando

Es Doctor Ingeniero, Ingeniero de Organización Industrial e Ingeniero Técnico Industrial de la especialidad Mecánica y Eléctrica por la Universitat Politècnica de València. En el ámbito profesional ha desarrollado un gran número de proyectos relacionados con las instalaciones industriales. Profesor responsable de las asignaturas de Diseño de Máquinas I i II durante 15 años, y también de otras relacionadas con el diseño mecánico. Ha dirigido una gran cantidad de Trabajos de Final de Grado. Es autor de varios libros docentes y de investigación. Es investigador del Instituto de Diseño y Fabricación de la UPV, donde ha formado parte de diversos proyectos multidisciplinares de investigación competitiva y de convenios de I+D+i de diversa temática.

Sergi Montava Jordà

Es Ingeniero de Materiales e Ingeniero Técnico Mecánico por la Universitat Politècnica de València. En el ámbito profesional es Ingeniero de Proyectos en una empresa de Fabricación de Maquina Herramienta durante más de trece años y esta especializado con la fabricación de maquinaria a medida para la automatización de procesos industriales. Es profesor de prácticas de la asignatura Diseño de Máquinas en la Universitat Politècnica de València.

Índice general

Índice de figuras

Índice de tablas

1

Ventajas, inconvenientes y aplicaciones.

1.1 Introducción

Es una técnica aplicada de la mecánica de fluidos, en concreto utiliza aceite, en el ámbito de la ingeniería. Se utiliza para la fabricación de maquinaria diversa en la que el movimiento de un fluido por conductos es utilizable. La oleohidráulica resuelve los problemas corrosivos y de lubricación que tiene la Hidráulica (fluido utilizado el agua).

Las dos aplicaciones, de forma generalista, más importantes de la oleohidráulica son:

- Transmisiones oleodinámicas(Por ejemplo maquinaria obra pública).

- Transmisiones oleoestáticas (Por ejemplo prensas).

Su fundamento es el **principio de Pascal**, que establece que la presión aplicada en un punto de un fluido se transmite con la misma intensidad a cada punto del mismo. Como la fuerza es igual a la presión multiplicada por la superficie, la fuerza se amplifica mucho si se aplica a un fluido encerrado entre dos pistones de área diferente.

Por ejemplo, si un pistón tiene un área de 1 y el otro de 10, al aplicar una fuerza de 1 al pistón pequeño se ejerce una presión de 1, que tendrá como resultado una fuerza de 10 en el pistón grande.

Este fenómeno mecánico se aprovecha en activadores oleohidráulicos como los utilizados en los frenos de un automóvil, donde una fuerza relativamente pequeña aplicada al pedal se multiplica para transmitir una fuerza grande a la zapata del freno. Los alerones de control de los aviones también se activan con sistemas oleohidráulicos similares.

Los gatos y elevadores oleohidráulicos se utilizan para levantar vehículos en los talleres y para elevar cargas pesadas en la industria de la construcción. La prensa oleohidráulica, inventada por el ingeniero británico Joseph Bramah en 1796, se utiliza para dar forma, extrusar, marcar materiales y para someter materiales a grandes presiones.

1.2 Antecedentes

Se puede entender el término Hidráulica bajo el significado de: creación de fuerzas y movimientos mediante fluidos sometidos a presión.

Los fluidos sometidos a presión son, en este caso, el medio para la transmisión de la energía.

Haciendo una breve cita a cerca de los orígenes de la Hidráulica cabe remontarse hacia el año 250 a.C., fue cuando Arquímedes investigó alguno de los principios de la hidráulica, cuyas técnicas ya se empleaban con anterioridad, principalmente en sistemas de regadío y de distribución de agua por las ciudades. A partir de entonces se fueron desarrollando diversos aparatos y técnicas para el movimiento, trasvase y aprovechamiento del agua, siendo en general la cultura árabe la que desarrolló mayores proyectos y técnicas en este sentido.

Tras una evolución irregular, finalmente en el año 1653 Pascal descubrió el principio según el cual la presión aplicada a un líquido contenido en un recipiente se transmite por igual en todas direcciones. Considerándose, pues, a Pascal como precursor de la hidráulica, ya que desde que realizó su descubrimiento se empezaron a desarrollar técnicas de transmisión por medio de fluidos confinados en recipientes y tuberías, y regulados y controlados por válvulas y accesorios que se desarrollaron posteriormente.

Ya en el siglo XX se descubrió que el empleo de aceites minerales en lugar de agua facilitaba la lubricación de las piezas móviles de los componentes del sistema, al tiempo que se disminuía la oxidación de los mismos y las fugas de fluido, de ahí el nombre de Oleohidráulica.

Durante los estudios de ingeniería técnica industrial especialidad mecánica, se forma al alumno (entre otras muchas cosas) en el estudio, cálculo y diseño de los distintos mecanismos o subsistemas de los que se componen las máquinas empleadas en la industria actual. Dentro de este apartado, cabe citar la gran variedad de sistemas mecánicos, y de otros tipos, que se emplean en la construcción de maquinaria y mecanismos varios.

En relación con el tema citado, cabe nombrar el papel fundamental que juega la transmisión del movimiento entre los distintos componentes de una máquina, o al igual, de un sistema complejo compuesto por multitud de partes móviles.

En la actualidad, existen distintas tecnologías capaces de generar y/o transmitir movimientos, fuerzas y señales. Este es el caso de campos como el de la Mecánica, Neumática, Hidráulica o Electricidad. Al respecto deberá tenerse en cuenta que cada tecnología tiene sus campos de aplicación idóneos.

Centrándose en uno de ellos como es el caso de la oleohidráulica, se verifica la gran cantidad de campos de aplicación que poseen los sistemas oleohidráulicos, adoptando un papel fundamental en las actuales técnicas de automatización industrial (tanto en aplicaciones móviles como en sistemas estacionarios).

En las aplicaciones móviles se producen movimientos, ya sea mediante ruedas o cadenas, mientras que las aplicaciones estacionarias son fijas y no se producen desplazamientos.

La oleohidráulica estacionaria tiene principalmente los siguientes campos de aplicación: todo tipo de máquinas de producción y montaje, líneas de transferencia, equipos de elevación y transporte, prensas, máquinas para moldear por inyección, laminadoras, máquinas herramienta, etc.

Los campos de aplicación de la oleohidráulica móvil son los siguientes: máquinas para la construcción, volquetes, palas mecánicas, plataformas de carga, sistemas de elevación y transporte, máquinas para la agricultura.

Además cabe mencionar también las aplicaciones de la oleohidráulica en la construcción naval, aeronáutica y en el sector de la minería.

1.3 Ventajas

- Elevada potencia específica: Transmisión de esfuerzos considerables con elementos de pequeñas dimensiones). Las fuerzas pueden alcanzar prácticamente valores tan grandes como se deseen.

- Posicionamiento de gran precisión.

- Arranque desde cero con carga máxima.

- Movimientos homogéneos e independientes de la carga, ya que los fluidos apenas se comprimen y porque pueden utilizarse válvulas reguladoras. Las velocidades se pueden hacer independientes de los límites impuestos por el caudal de la bomba instalando acumuladores o válvulas de llenado rápido.

- Trabajos y conmutaciones suaves.

- Buenas características de mando y regulación. Principalmente hay que destacar la facilidad (relativa) de regulación de las variables mecánicas (que proporciona un sistema oleohidráulico), que caracterizan los ciclos operativos y la relación directa de éstos con sistemas y programas de control más ó menos complejos

- Buena disipación del calor.

- La presión y el caudal son las variables oleohidráulicas que intervienen en la generación de la potencia y que mecánicamente se traducen en las variables fuerza y velocidad. Estas pueden someterse a controles de naturaleza puramente oleohidráulica de acción continua y precisa (válvulas de máxima presión, de secuencia, de reducción de presión y de estrangulación, divisores y reguladores de caudal), Dichos órganos, que en los mandos oleodinámicos industriales se hallan normalmente separados y desempeñan funciones individuales, también se construyen a menudo agrupados en unidades funcionales polivalentes denominadas servoválvulas electrohidráulicas, capaces de asumir simultáneamente funciones de distribución y de regulación sumamente precisas.

- Las posibilidades de distribución, o sea, de establecer las conexiones necesarias entre los órganos de alimentación, de regulación y de trabajo son prácticamente ilimitadas.

- La rapidez de respuesta es muy elevada; puede ponerse el ejemplo de oleomotores cuya aceleración angular es superior en un orden de magnitud a la de un electromotor de igual potencia.

- Los servicios de mantenimiento son prácticamente mínimos, auto beneficiándose gracias a la autolubricación.

- La transmisión a distancia de potencias incluso elevadas puede efectuarse mediante tuberías de diámetro moderado.

- El caudal puede ser ya regulado (directamente o a través de cualquier servomecanismo) en la bomba principal, si ésta es de caudal variable.

- Es posible automatizar complejos ciclos operativos hasta el grado que se quiera utilizando distribuidores y válvulas de accionamiento electromagnético directo o indirecto.

- Posibilidad de transmitir la energía a largas distancias.

- Posibilidad de almacenar energía.

- Posibilidad de variar sin saltos magnitudes como velocidades, fuerzas y pares.

- Buena regulación de las fuerzas actuantes.

- Veloz inversión de servicio debido a la reducida inercia de los elementos.

- Dinámica elevada de conmutación.

- Movimientos resultantes regulares.

- Conversión simple de movimientos rotativos en lineales y viceversa.

- Protección contra sobrecargas.

- Desgaste reducido debido a la lubricación de los elementos mediante el propio fluido.

- Elevada vida útil.

- Posibilidad de recuperación de energía.

Todas estas ventajas han hecho que las instalaciones oleohidráulicas se hayan hecho aconsejables en gran cantidad de máquinas y muy difícilmente sustituibles en otras muchas.

1.4 Inconvenientes

- Peligro latente ocasionado por las altas presiones de servicio.

- Dependencia de la temperatura (cambios de la viscosidad).

- Rendimiento limitado.

- Sensibilidad a la suciedad.

- Contaminación del entorno por fugas de aceite (peligro de incendio y de accidentes)

- Limitaciones de las características constructivas y exigencias estructurales de los componentes (pérdidas de caudal y de presión en los órganos de alimentación y distribución, limitaciones máxima y mínima de la velocidad, debidas respectivamente a motivos mecánicos y oleohidráulicos).

- Limitaciones debidas a las características intrínsecas del propio líquido que actúa como medio transmisor, el cual está sujeto a variaciones de volumen por compresibilidad (las cuales se notan especialmente en instalaciones dotadas de grandes cilindros o de tuberías de gran longitud) y a variaciones de viscosidad entre los estados de reposo y de régimen (lo cual repercute en la hermeticidad de las juntas metálicas de los distribuidores, en el rendimiento volumétrico de bombas y oleomotores, en las condiciones de aspiración y en la función de los reguladores de caudal).

- Pérdida de presión y caudal en las tuberías y válvulas.

- Dependencia de la viscosidad del aceite con la temperatura y presión.

- Problemas de fugas.

- Compresibilidad del fluido oleohidráulico (posicionamiento).

2

Términos y conceptos fundamentales

Con el fin de facilitar la mejor comprensión de las ideas que se expondrán en los siguientes temas, se ha considerado necesario definir los términos y conceptos de mayor utilización, indicando las unidades en que irán expresadas.

2.1 Conceptos generales de la mecánica de fluidos

A continuación, se introducirán una serie de conceptos necesarios para la comprensión de la técnica oleohidráulica extraídos de la Mecánica de fluidos. Se hará de una forma sencilla y escueta. Aquellos lectores que quieran profundizar en estos conceptos pueden hacerlo en cualquier manual de dicha materia.

2.1.1 Fluido

Se define como el líquido o gas capaz de fluir.

2.1.2 Volumen

Se define como el espacio ocupado por un cuerpo sólido. Se mide en metros cúbicos en el S.I. Algunas veces, se mide en unidades de medida de líquidos, como litros:

1 litro = 1 dm^3

2.1.3 Densidad

Se define como la relación entre la masa de un cuerpo y el volumen que ocupa. Se mide en kg/m^3 en el S.I.

Su ecuación es:

$$\delta = \frac{m}{V}$$

2.1.4 Peso específico

Se define como la relación entre el peso de un cuerpo (P) y el volumen que ocupa. Se mide en N/m^3 en el S.I.

Su ecuación es:

$$\rho = \frac{P}{V}$$

2.1.5 Presión

La **presión** (p) en cualquier punto es la razón de la fuerza normal, ejercida sobre una pequeña superficie, que incluya el referido punto; Se mide en el S.I. en N/m^2 y en el Sistema Técnico en kg/cm^2.

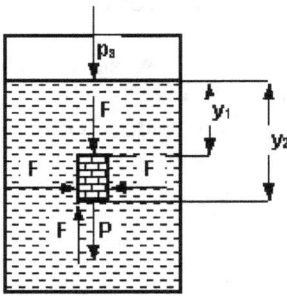

Figura 2.1: Esquema de la presión en un punto.

La ecuación es:

$$p = \frac{F}{S} \tag{2.1}$$

NOTA : $1 \ \dfrac{N}{m^2} = 1$ Pa

En la práctica, 1 Pascal es una unidad muy pequeña, por lo que se utiliza el bar:

1 bar = 100.000 Pa
1 bar = 100 KPa
1 bar = 14,5 psi
1 bar = 1,02 daN/cm^2

En la mecánica de los fluidos, se define también como la fuerza por unidad de superficie que ejerce un líquido o un gas perpendicularmente a dicha superficie. La presión en este caso suele medirse en atmósferas (= atm). Una **atmósfera** se define como 101.325 Pa, y equivale a 760 mm de mercurio en un barómetro convencional.

2.1.6 Hidrostática

Denominada también **estática de fluidos**. Se define como la ciencia que estudia los fluidos en reposo.

Una característica fundamental de cualquier fluido en reposo es: la fuerza ejercida sobre cualquier partícula del fluido es la misma en todas direcciones. La partícula se desplazaría en la dirección de la fuerza resultante, si las fuerzas fueran desiguales.

Se deduce que la presión que el fluido ejerce contra las paredes del recipiente que lo contiene, sea cual sea su forma, es perpendicular a la pared en cada punto, la fuerza tendría una componente tangencial no equilibrada y el fluido se movería a lo largo de la pared si la presión no fuera perpendicular.

Este concepto se conoce como **Principio de Pascal** (Figura 2.2).

2.1.7 Principio de Pascal

La presión aplicada a un fluido contenido en un recipiente se transmite íntegramente a toda porción de dicho fluido y a las paredes del recipiente que lo contiene, siempre que se puedan despreciar las diferencias de presión debidas al peso del fluido. Este principio tiene aplicaciones muy importantes en oleohidráulica.

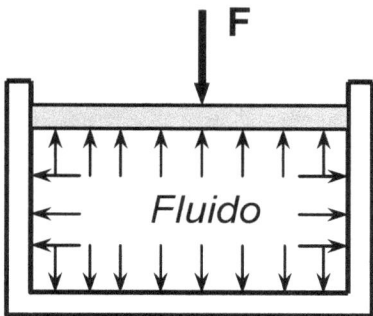

Figura 2.2: Dibujo aclarador del principio de Pascal

2.1.8 La superficie de los líquidos

La superficie superior de un líquido en reposo situado en un recipiente abierto siempre será perpendicular a la fuerza total que actúa sobre ella.

Si la gravedad es la única fuerza, la superficie será horizontal. Si actúan otras fuerzas además de la gravedad, la superficie "libre" se ajusta a ellas.

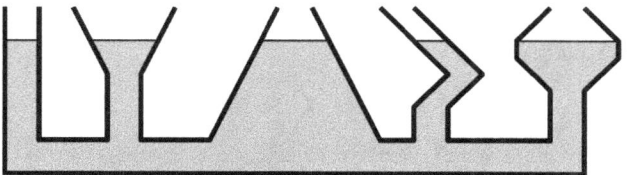

Figura 2.3: Diversas formas de un líquido.

Por ejemplo, si se hace girar rápidamente un vaso de agua en torno a su eje vertical, habrá una fuerza centrífuga sobre el agua además de la fuerza de la gravedad, y la superficie formará una parábola que será perpendicular en cada punto a la fuerza resultante.

Cuando la gravedad es la única fuerza que actúa sobre un líquido contenido en un recipiente abierto, la presión en cualquier punto del líquido es directamente proporcional al peso de la columna vertical de dicho líquido situada sobre ese punto.

El peso es, a su vez, proporcional a la profundidad del punto con respecto a la superficie, y es independiente del tamaño o forma del recipiente. La presión varía con la altura.

Como ejemplo aclaratorio, la presión en el fondo de una tubería vertical llena de aceite de 15 mm de diámetro y 1,5 m de altura es la misma que en el fondo de un estanque de 1,5 m de profundidad.

2.1.9 Aplicación práctica: La prensa olehidráulica

Joseph Bramah, en los primeros años de la Revolución Industrial, utilizó el Principio de Pascal para fabricar una prensa oleohidráulica.

Procedimiento: Si una pequeña fuerza, actúa sobre un sección pequeña, ésta crearía una fuerza proporcionalmente mayor sobre una superficie mayor, y el único límite a la fuerza que puede ejercer una máquina, es el área a la cual se aplica la presión.

Ejemplo. ¿Cuál sería el valor de la fuerza F_1 necesaria para mover una carga F_2 de 10.000 kg según si $S_1 = 5$ cm^2 y $S_2 = 10$ cm^2?

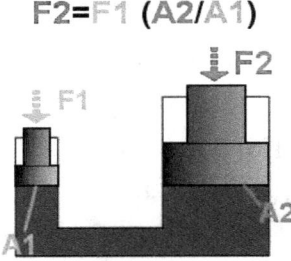

Figura 2.4: Aplicación práctica del principio de Pascal.

Como:

$$p = \frac{F}{S}$$

$S_2 = 10$ cm^2

$F_2 = 10.000$ kg

$$p_2 = \frac{10.000}{10} \cdot \frac{\text{kg}}{\text{cm}^2}$$

Como en una instalación cerrada, de acuerdo al principio de Pascal, la presión es igual en todas direcciones normales a las superficies de medición, se puede decir que la presión aplicada al área A2 es igual que la aplicada al área A1

$$p_1 = p_2$$
$$F_1 = p_1 \cdot S_1$$
$$F_1 = 1000 \frac{\text{kg}}{\text{cm}^2} \cdot 5 \text{ cm}^2$$
$$F_1 = 5000 \text{ kg}$$

CONCLUSION. La sección es inversamente proporcional a la presión y directamente proporcional a la fuerza.

En este ejemplo, el equilibrio se logra aplicando una fuerza menor que el peso ya que la sección es menor que la que soporta el peso. Esto se aplica en los gatos oleohidráulicos.

2.1.10 Principio de Arquímedes

Arquímedes descubrió el **segundo principio de la Hidrostática**: "Cuando un cuerpo está total o parcialmente sumergido en un fluido en reposo, el fluido ejerce una presión sobre todas las partes de la superficie del cuerpo que están en contacto con el fluido".

La presión es mayor sobre las partes sumergidas a mayor profundidad. La resultante de todas las fuerzas es una fuerza dirigida hacia arriba denominada **empuje** sobre el cuerpo sumergido.

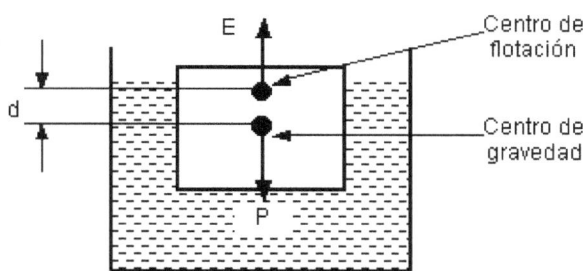

Figura 2.5: Concepto *Empuje* sobre un cuerpo sumergido.

Un cuerpo total o parcialmente sumergido en un fluido es empujado hacia arriba con una fuerza que es igual al peso del fluido desplazado por dicho cuerpo.

Esto explica la causa de que flote un barco cargado: su peso total es exactamente igual al peso del agua que desplaza, y el agua desplazada ejerce una fuerza impulsora (hacia arriba) que contrarresta dicho peso y mantiene el barco a flote.

Se denomina **Centro de flotación** al punto sobre el que puede considerarse que actúan todas las fuerzas que producen el efecto de flotación, y corresponde en la práctica al centro de gravedad del fluido desplazado. El centro de flotación de un cuerpo que flota está situado exactamente encima de su centro de gravedad. Cuanto mayor sea la distancia entre ambos, mayor es la estabilidad del cuerpo.

2.1.11 Formas de obtención de la densidad

La densidad de un cuerpo puede obtenerse de varias formas:

- Para objetos macizos de densidad mayor que el agua: se determina primero su masa en una balanza, y después su volumen; éste se puede obtener a través del cálculo si el objeto tiene forma geométrica, o sumergiéndolo en un recipiente calibrando, con agua, y viendo la diferencia de altura que alcanza el líquido. La densidad es el resultado de dividir la masa por el volumen.

- Para medir la densidad de líquidos se utiliza el **densímetro**, que proporciona una lectura directa de la densidad.

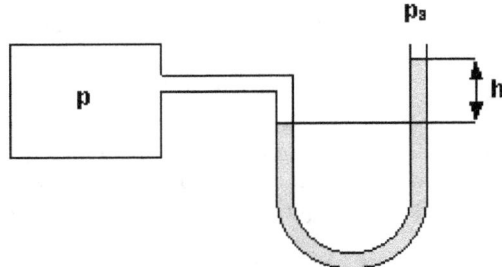

Figura 2.6: Determinación de la densidad de un líquido.

- Para medir la densidad de un objeto cuya forma es tan irregular que su volumen no puede medirse directamente se puede utilizar el principio de Arquímedes: Si el objeto se pesa primero en aire y luego en agua, la diferencia de peso será igual al peso del volumen de agua desplazado, y este volumen es igual al volumen del objeto, si éste está totalmente sumergido. Así puede determinarse fácilmente la densidad del objeto.

NOTA. Si se requiere una precisión muy elevada, también hay que tener en cuenta el peso del aire desplazado para obtener el volumen y la densidad correctos.

2.1.12 Densidad relativa

Es la relación entre la densidad de un cuerpo y la densidad del agua a 4°C, que se toma como unidad de referencia.

Como un centímetro cúbico de agua a 4°C tiene una masa de 1g, la densidad relativa de la sustancia equivale numéricamente a su densidad expresada en gramos por centímetro cúbico.

La densidad relativa no tiene unidades.

2.1.13 Manómetros

Se define así a los medidores de presión. La mayoría de éstos miden la diferencia entre la presión de un fluido (p) y la presión atmosférica local (p_{atm}).

$$p = p_a + p_{atm}$$

1. Para pequeñas diferencias de presión se emplea un manómetro que consiste en un tubo en forma de U con un extremo conectado al recipiente que contiene el fluido y el otro extremo abierto a la atmósfera. El tubo contiene un líquido, como agua, aceite o mercurio, y la diferencia entre los niveles del líquido en ambas ramas indica la diferencia entre la presión del recipiente y la presión atmosférica local.

2. Para diferencias de presión mayores se utiliza el manómetro de Bourdon: este manómetro está formado por un tubo hueco de sección ovalada curvado en forma de gancho.

3. Los manómetros empleados para registrar fluctuaciones rápidas de presión suelen utilizar sensores piezoeléctricos o electrostáticos que proporcionan una respuesta instantánea.

   Como la mayoría de los manómetros miden la diferencia entre la presión del fluido y la presión atmosférica local, hay que sumar ésta última al valor indicado por el manómetro para hallar la **presión absoluta**. Una lectura negativa del manómetro corresponde a un vacío parcial.

4. Las presiones bajas en un gas pueden medirse con el llamado dispositivo de Mc Leod, que toma un volumen conocido del gas cuya presión se desea medir, lo comprime a temperatura constante hasta un volumen mucho menor y mide su presión directamente con un manómetro. La presión desconocida puede calcularse a partir de la ley de Boyle-Mariotte.

5. Para presiones inferiores se emplean distintos métodos basados en la radiación, la ionización o los efectos moleculares.

2.1.14 Rango de presiones

Las presiones pueden variar en oleohidráulica desde décimas de atm en retornos o drenajes, hasta valores superiores a 1000 atmósferas en obra pública o grandes prensas.

2.1.15 Tensión superficial

Se denomina así a la condición existente en la superficie libre de un líquido, semejante a las propiedades de una membrana elástica bajo tensión.

La **tensión superficial** es el resultado de las fuerzas moleculares, que ejercen una atracción no compensada hacia el interior del líquido sobre las moléculas individuales de la superficie; esto se refleja en la considerable curvatura en los bordes donde el líquido está en contacto con la pared del recipiente.

Por definición, la **tensión superficial** es la fuerza por unidad de longitud de cualquier línea recta de la superficie líquida que las capas superficiales situadas en los lados opuestos de la línea ejercen una sobre otra.

La tendencia de cualquier superficie líquida es hacerse lo más reducida posible como resultado de esta tensión.

Un ejemplo de ello es el mercurio, que forma una bola casi redonda cuando se deposita una cantidad pequeña sobre una superficie horizontal.

Otro ejemplo es una burbuja de jabón, forma una esfera casi perfecta. Esto se debe a la distribución de la tensión sobre la delgada película de jabón.

Otro, la tensión superficial es suficiente para sostener una aguja colocada horizontalmente sobre el agua.

Este concepto es importante en condiciones de ingravidez: los líquidos no pueden guardarse en recipientes abiertos porque ascienden por las paredes de los recipientes en los vuelos espaciales.

2.1.16 Cohesión

Se define así a la atracción entre moléculas que mantiene unidas las partículas de una sustancia.

La cohesión es distinta de la adhesión: la **cohesión** es la fuerza de atracción entre partículas adyacentes dentro de un mismo cuerpo, mientras que la **adhesión** es la interacción entre las superficies de distintos cuerpos.

En los gases, la fuerza de cohesión puede observarse en su licuefacción, que tiene lugar al comprimir una serie de moléculas y producirse fuerzas de atracción suficientemente altas para proporcionar una estructura líquida.

En los líquidos, la cohesión se refleja en la tensión superficial, causada por una fuerza no equilibrada hacia el interior del líquido que actúa sobre las moléculas superficiales, y también en la transformación de un líquido en sólido cuando se comprimen suficientemente las moléculas.

En los sólidos, la cohesión depende de cómo estén distribuidos los átomos, las moléculas y los iones, lo que a su vez depende del estado de equilibrio (o desequilibrio) de las partículas atómicas. Muchos compuestos orgánicos, por ejemplo, forman cristales moleculares, en los que los átomos están fuertemente unidos dentro de las moléculas, pero éstas se encuentran poco unidas entre sí.

2.1.17 Capilaridad

Se denomina a la elevación o depresión de la superficie de un líquido en la zona de contacto con un sólido, por ejemplo, en las paredes de un tubo.

Este fenómeno es una excepción a la ley hidrostática de los vasos comunicantes, según la cual una masa de líquido tiene el mismo nivel en todos los puntos; el efecto se produce de forma más marcada en tubos capilares (tubos de diámetro muy pequeño). La capilaridad depende de las fuerzas creadas por la tensión superficial y por el mojado de las paredes del tubo.

Si las fuerzas de adhesión del líquido al sólido (mojado) superan a las fuerzas de cohesión dentro del líquido (tensión superficial), la superficie del líquido será cóncava y el líquido subirá por el tubo, es decir, ascenderá por encima del nivel hidrostático. Este efecto ocurre, por ejemplo, con agua en tubos de vidrio limpios.

Si las fuerzas de cohesión superan a las fuerzas de adhesión, la superficie del líquido será convexa y el líquido caerá por debajo del nivel hidrostático. Así sucede por ejemplo con agua en tubos de vidrio grasientos (donde la adhesión es pequeña) o con mercurio en tubos de vidrio limpios (donde la cohesión es grande).

La absorción de agua por una esponja es un ejemplo común de ascensión capilar. El agua sube por la tierra debido en parte a la capilaridad, y en este principio se basan o la pluma estilográfica o el rotulador.

2.1.18 Hidrodinámica

Es la ciencia que estudia los fluidos en movimiento.

2.1.19 Ecuación de un flujo

Sí un líquido fluye por un tubo de sección variable, el volumen que pasa en una unidad de tiempo es el mismo, independiente de la sección.

El caudal Q = volumen/tiempo (litros/minuto)

$$Q = V/t$$
$$V = S \cdot x$$

Se remplaza el volumen en la ecuación anterior.

Siendo:

V = Volumen.

t = tiempo.

S = superficie de la sección .

x = espacio recorrido.

Obteniendo:
$$Q = S \cdot x/t$$
Y como la velocidad lineal
$$v = x/t$$

Sustituyendo se obtiene una ecuación muy utilizada en los cálculos oleohidráulicos:

$$Q = S \cdot v \tag{2.2}$$

donde Q se expresa en l/min o dm$'$min

CONCLUSION: La velocidad del fluido en el interior de la tubería es inversamente proporcional a la sección interna de la referida tubería.

2.1.20 Ecuación de continuidad

$$Q_1 = Q_2 = cte$$

Siendo

$$Q_1 = S_1 \cdot v_1$$
$$Q_2 = S_2 \cdot v_2$$

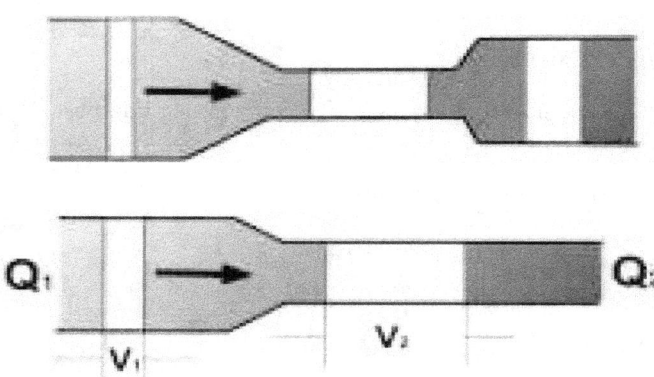

Figura 2.7: Dibujo aclaratorio de la "Ecuación de continuidad".

Se observa que el caudal entrante (Q_1) es igual al caudal saliente de la tubería (Q_2), por lo que se deduce que la velocidad lineal en el tramo de mayor diámetro es menor que la velocidad lineal en el tramo de menor diámetro.

Por tanto, las velocidades lineales del fluido en el interior de la tubería son inversamente proporcionales a los diámetros de las tuberías.

2.1.21   Ecuación de Bernoulli

Llamada también **ecuación de la energía**. Relaciona la energía potencial (posición), la energía cinética (movimiento) y la energía de presión (presión estática).

$$\frac{P_1}{\rho} + \frac{v_1^2}{2g} + z_1 = \frac{P_2}{\rho} + \frac{v_2^2}{2g} + z_2$$

Aquellos lectores que quieran profundizar en este concepto, el cual aquí ha sido solo introducido, se les recomienda lean algún manual de mecánica de fluidos dónde se desarrolla profusamente.

Observando las ecuaciones de Continuidad y de Bernoulli se deduce: "Si se disminuye la sección interior en los conductos, aumenta la velocidad lineal del fluido que los atraviesa y en consecuencia, la energía cinética aumenta".

2.1.22   Pérdida de energía por fricción

A continuación, se enumeran las principales pérdidas energéticas que se producen en una instalación oleohidráulica, las cuales generalmente, se deben al rozamiento interno de la instalación:

- La longitud de la tubería

- La rugosidad de la tubería

- Número y tipo de accesorios (codos y curvas).

- Sección interna de la tubería utilizada.

- Velocidad lineal del fluido.

2.1.23   Tipos de flujo

- **FLUJO LAMINAR**. Las partículas del fluido se mueven formando capas que se deslizan ordenadamente hasta una cierta velocidad límite.

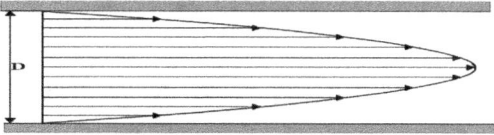

Figura 2.8: Flujo laminar.

- **FLUJO TURBULENTO**. Si aumenta la velocidad y la sección de pasaje no varía, cambia la forma del flujo.

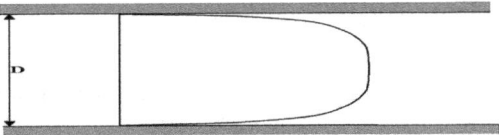

Figura 2.9: Flujo turbulento.

2.2 Parámetros fundamentales en oleohidráulica

A pesar de que en la actualidad se emplea en el entorno ingenieril el Sistema Internacional se hará mención expresa tanto al S.I. como al Sistema Técnico, muy utilizado todavía en empresas y talleres especializados .

2.2.1 Presión

Es la fuerza ejercida sobre la unidad de superficie. Su unidad será Newton por metro cuadrado (N/m^2 ó Pa) en S.I. ó el kilogramo por centímetro cuadrado (kg/cm^2) en S.T.

2.2.2 Caudal

Es el volumen de aceite que circula por un punto determinado en la unidad de tiempo. Su unidad será metros cúbicos por segundo (m^3/s) en S.I. o el litro por minuto (l/min) en S.T.

2.2.3 Sección

Es la superficie del pistón del cilindro sobre la que actúa la presión. Su unidad será metros cuadrados (m^2) en S.I. o centímetro cuadrado (cm^2) en el S.T.

2.2.4 Esfuerzo

Es la fuerza ejercida por el vástago del cilindro por acción de la presión sobre la sección. Su unidad será el Newton(N) en S.I. o el kilogramo (kg) en el S.T.

2.2.5 Trabajo

Es el producto de un esfuerzo durante un recorrido. Su unidad será el Newton-metro (Nm) en S.I. o el kilográmetro (kgm) en el S.T.

2.2.6 Carrera

Es la longitud recorrida por el pistón del cilindro al desplazarse de un extremo al otro del mismo. Su unidad será el metro (m) en S.I. o el milímetro (mm) en S.T.

2.2.7 Volumen

Es la capacidad del cilindro cuando el pistón se encuentra desplazado en uno u otro extremo del mismo. Su unidad será el metro cúbico (m^3) en S.I. o el litro (l) en S.T.

2.2.8 Cubicaje (o cilindrada unitaria)

Es el volumen de aceite que circula por la bomba o por el motor oleohidráulico en un giro de su eje de 360°. Su unidad será el (m^3) en S.I. o el centímetro cúbico (cm^3) en el S.T.

2.2.9 Par motor

Es la fuerza de giro del motor oleohidráulico por efecto de la presión. Se expresa como el momento o producto de una fuerza tangencial por la distancia desde su punto de aplicación al eje del motor. Su unidad será el Newton-metro (Nm) en S.I. o el metrokilo (mkg) en S.T.

2.2.10 Potencia

Es el trabajo realizado en la unidad de tiempo. En movimientos rectilíneos, su unidad será el vatio (W) en S.I. o el kilográmetro por segundo (kgm/s) en el S.T. En movimientos giratorios, en el S.T. se utiliza frecuentemente como unidad el caballo vapor (CV) que equivale a 75 kilográmetros por segundo.

2.3 Conceptos generales oleohidáulicos

En este apartado se resumirá, de forma breve, los principios fundamentales de la oleohidráulica y en los siguientes capítulos se ampliarán de forma más detallada el funcionamiento de los principales elementos y las leyes por las que se rigen.

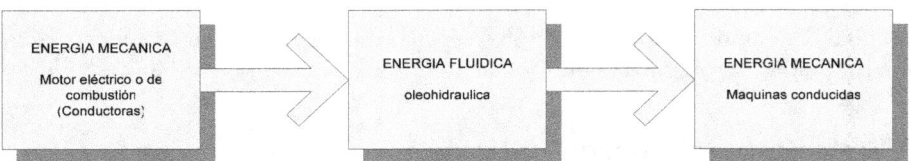

Figura 2.10: Proceso de actuación de la tácnica oleohidráulica

La característica principal de las instalaciones oleohidráulicas consiste en transmitir una energía ubicada en un determinado lugar a otros puntos por medio de un fluido a presión que circula por el interior de tuberías.

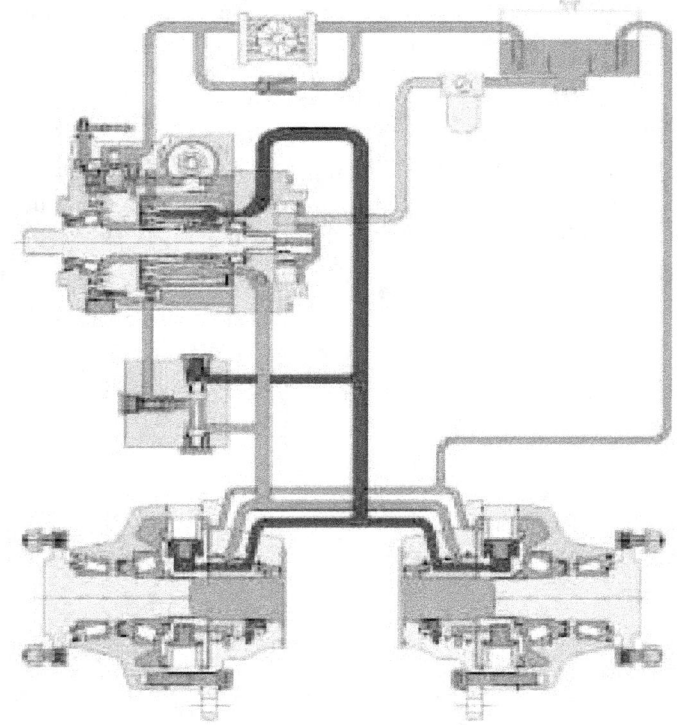

Figura 2.11: Esquema típico circuito oleohidráulico. (Cortesía Poclain Hydraulics).

Con el fin de facilitar la exposición de los conceptos que se pretenden comentar, se va a considerar siempre que la energía a transmitir la proporciona un motor eléctrico o de explosión, como normalmente sucede en la práctica industrial, y que el fluido transmisor será un aceite oleohidráulico cuyas características se describirán en el correspondiente capítulo.

Así pues, disponiendo de la citada fuente de energía, se trata de producir la circulación de un aceite a presión, que conducido al punto deseado produzca el trabajo mecánico que se pretenda realizar.

Para desarrollar esta transmisión es necesario, en primer lugar, disponer de un elemento que, accionado por el motor, genere la circulación del aceite. Este elemento se denomina "**bomba oleohidráulica**".

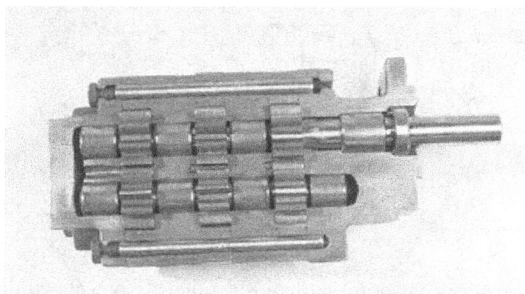

Figura 2.12: Sección de una bomba de engranajes.

En segundo lugar, se precisa de la conducción necesaria para que el aceite llegue al punto deseado.

Finalmente es necesario un elemento receptor (motor o cilindro oleohidráulico en la mayoría de los casos) que bajo la acción del aceite realice un trabajo mecánico.

Figura 2.13: Diversos tipos de motores y bombas.

Una vez determinados por una parte el elemento generador o bomba, y por otro el elemento receptor, la fuerza desarrollada por éste último es directamente proporcional a la presión de trabajo; y la velocidad de desplazamiento del elemento receptor, es también directamente proporcional al caudal de aceite que recibe.

El producto de estos factores: presión-caudal o su equivalente: fuerza-velocidad, determina la **"Potencia oleohidráulica"**.

Las bombas efectúan su función por diversos mecanismos, y así existen bombas de engranajes, paletas, pistones, etc., pero esencialmente su trabajo consiste en admitir un aceite por su orificio de entrada y expulsarlo por el de salida a la presión necesaria para vencer la resistencia que encuentre este aceite para circular, naturalmente dentro de unos límites preestablecidos.

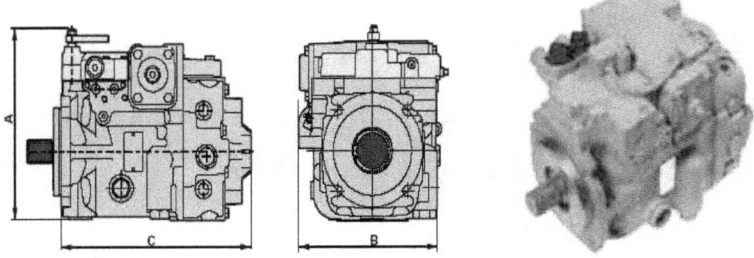

Figura 2.14: Vistas de una bomba oleohidráulica. (Cortesía de Brevini S.A).

La fuerza necesaria para desarrollar esta función la toman del motor que las acciona, el cual debe de ceder una potencia directamente proporcional al volumen de aceite suministrado por la bomba, y a la presión requerida para su circulación.

Existen bombas cuyo cubicaje es inalterable y se denominan **bombas de cilindrada fija** o caudal constante y otras cuyo cubicaje es susceptible de variar, denominadas **bombas de cilindrada variable**.

Figura 2.15: Sección de una bomba de pistones (Cortesía de Brevini S.A).

Los procedimientos para obtener esta variación de caudal son varios: manual, mecánico, eléctrico, oleohidráulico, etc., y su elección y empleo debe ser el más apropiado para el trabajo que se pretende conseguir.

Una vez que el aceite ha salido de la bomba debe hacerse llegar al punto deseado por medio de la conducción pertinente. Llegado el aceite donde se pretendía, es necesario disponer de un elemento receptor que bajo la acción de este aceite efectúe un trabajo mecánico.

Fundamentalmente, existen dos tipos de elementos receptores:

1. **Cilindro oleohidráulico**. Es un elemento receptor que bajo la presión del aceite desarrolla un trabajo lineal.

Figura 2.16: Diferentes tipos de cilindros oleohidráulicos.

2. **Motor oleohidráulico**. Es el inverso de una bomba, es decir, un elemento que recibiendo un aceite a presión, imprime un giro a su eje.

Constructivamente existen diferencias entre bomba y motor oleohidráulico, pero sus mecanismos internos son muy similares, y así existen también motores oleohidráulicos de:

- Engranajes externos

- Engranajes internos

- Paletas

- Pistones radiales
- Pistones axiales

Existen motores de cubicaje fijo en los que siempre el volumen de aceite requerido por vuelta es invariable, y los de cubicaje variable en los que este volumen de aceite es susceptible de variación.

Los procedimientos para conseguir esta variación en el cubicaje son los citados en las bombas.

La **Potencia mecánica** suministrada por el motor (eléctrico o de explosión) que arrastra la bomba se transforma en una Potencia oleohidráulica expresada por el producto de un caudal de aceite por la presión a la que circula, (en la práctica, sería necesario tener en cuenta los rendimientos). Este aceite al llegar al elemento receptor lo desplaza con una determinada velocidad y con un determinado esfuerzo o par.

Si el elemento receptor es un cilindro, el esfuerzo será directamente proporcional a la presión que reciba y a su propia sección, mientras que la velocidad de desplazamiento será directamente proporcional al caudal que se le suministre e inversamente proporcional a su sección.

Si el elemento receptor es un motor oleohidráulico, el par será directamente proporcional a la presión que reciba y a su cubicaje, mientras que la velocidad de giro será directamente proporcional al caudal que se le suministre e inversamente proporcional a su cubicaje.

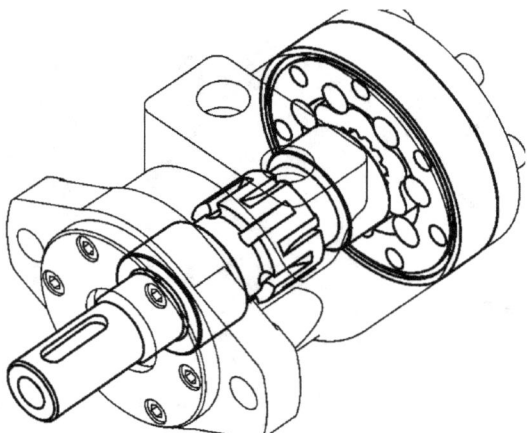

Figura 2.17: Vista interna de un motor tipo.

Por tanto, un cierto caudal de aceite a una determinada presión hará que el elemento receptor se desplace o gire a una cierta velocidad proporcionando un determinado esfuerzo o par.

Si se mantiene el caudal y la presión constantes y se aumenta la sección o el cubicaje del elemento receptor, se producirá una disminución de su velocidad de desplazamiento o de giro y aumentará su esfuerzo o par.

Si por el contrario, en las mismas condiciones, se disminuye la sección o cubicaje del elemento receptor, se producirá un incremento de su velocidad de desplazamiento o de giro, y disminuirá su esfuerzo o par.

3

Formulación para anteproyecto

3.1 Introducción

A continuación, se van a dar una serie de pautas para realizar cálculos sencillos y rápidos que sirvan de aplicación de los conceptos generales descritos en el anterior capítulo.

En esta primera publicación, no se intenta dar un compendio de formulas y resolución de problemas oleohidráulicos, sino introducir al lector, de forma clara, en esta técnica para que vaya comprendiendo de forma gradual la serie de aplicaciones y posibilidades técnicas que tiene la Oleohidráulica.

Con lo descrito en el capítulo 1 y atendiendo solamente a las funciones del elemento generador (bomba y del elemento receptor (cilindro o motor hidráulico) se pueden deducir las siguientes posibilidades:

3.1.1 Variación de la velocidad del elemento receptor

1. Variando el caudal de la bomba

   a) Si la bomba es de caudal fijo: Sustituir.

   b) Si la bomba es de caudal variable: Actuar sobre el sistema de variación.

   c) Variar la velocidad de giro de la bomba.

2. Variando la sección o el cubicaje del elemento receptor

   a) Si es cilindro o motor de cubicaje fijo: Sustituir.

   b) Si es motor es de cubicaje variable: Actuar sobre el sistema de variación.

3.1.2 Variación del esfuerzo o par del elemento receptor

1. Variando la presión de trabajo.

2. Variando la sección o cubicaje del elemento receptor.

   a) Si es cilindro o motor de cubicaje fijo: Sustituir.

   b) Si es motor de cubicaje variable: Actuar sobre el sistema de variación.

Cualquiera de estas variaciones en el elemento receptor supone modificaciones automáticas en otros parámetros de la instalación y que se resumen a continuación:

1. Variación exclusiva del caudal de la bomba.

   Efectos:

   a) En la potencia de accionamiento de la bomba: Una variación directamente proporcional.

   b) En la velocidad del elemento receptor: Una variación directamente proporcional.

   c) En la potencia del elemento receptor: Una variación directamente proporcional.

2. Variación exclusiva de la presión

Efectos:

a) En la potencia de accionamiento de la bomba: Una variación directamente proporcional.

b) En el esfuerzo o par del elemento receptor: Una variación directamente proporcional.

c) En la potencia del elemento receptor: Una variación directamente proporcional.

3. Variación exclusiva de la sección o cubicaje del elemento receptor

Efectos:

a) En el elemento receptor: Una variación directamente proporcional de su esfuerzo o par e inversamente proporcional de su velocidad.

En algunas instalaciones más complejas: por ejemplo, en un circuito con bomba y motor oleohidráulico de cubicaje variable ambos, las variaciones pueden efectuarse conjuntamente sobre estos dos elementos. En este caso los efectos finales serán los resultantes de todos los efectos considerados aisladamente.

3.2 Ecuaciones fundamentales

Para una mejor interpretación, y como ampliación a las consideraciones mencionadas en el capítulo anterior, se van a dar una serie de ecuaciones que nos indicarán las leyes por las que se rigen ciertos factores en las instalaciones oleohidráulicas y, mediante ellas, se podrán deducir fácilmente los efectos que se producirán cuando se efectúe alguna variación:

3.2.1 En el sistema técnico

$$N_a = \frac{Q \cdot p}{450 \cdot \eta_{tot}}$$

$$F = p \cdot S$$

$$M_d = \frac{p \cdot V_h \cdot \eta_m}{2 \cdot \pi \cdot 100}$$

$$v = \frac{10 \cdot Q}{S}$$

$$n = \frac{1000 \cdot Q \cdot \eta_v}{V_h}$$

$$N_c = \frac{v \cdot p}{60}$$

$$N_m = \frac{p \cdot V_h \cdot n \cdot \eta_{tot}}{45 \cdot 10000}$$

$$N_m = \frac{Q \cdot p \cdot \eta_{tot}}{450}$$

Siendo

N_a = Potencia necesaria para el accionamiento de la bomba en CV.

Q = Caudal en l/min

F = Esfuerzo del cilindro en kg

η_{tot} = Rendimiento total (≈ 0.8)

p = Presión en kg/cm^2

S = Sección del cilindro en cm^2

M_d = Par motor del motor oleohidráulico en m·kg

V_h = Cubicaje del motor oleohidráulico en cm^3

η_m = Rendimiento mecánico. (≈ 0.9)

v = Velocidad del cilindro en m/min

n =Velocidad del motor oleohidráulico en rpm

η_v = Rendimiento volumétrico (≈ 0.9)

N_c = Potencia del cilindro en Kgm/s (W)

N_m = Potencia del motor oleohidráulico en CV

3.2.2 En el sistema internacional

$$N_a = 3{,}6296 \cdot 10^{-3} \cdot \frac{Q \cdot p}{\eta_{tot}}$$

$$F = 9{,}8 \cdot 10^{-8} \cdot p \cdot S$$

$$M_d = 9{,}8 \cdot 10^{-4} \frac{p \cdot V_h \cdot \eta_m}{2 \cdot \pi}$$

$$v = 1{,}6667 \frac{Q}{S}$$

$$n = 1666{,}6667 \frac{Q \cdot \eta_v}{V_h}$$

$$N_c = \frac{v \cdot p}{60}$$

$$N_m = 2{,}1778 \cdot 10^{-7} \cdot p \cdot V_h \cdot n \cdot \eta_{tot}$$

$$N_m = 3{,}6296 \cdot 10^{-3} \cdot Q \cdot p \cdot \eta_{tot}$$

Siendo:

N_a = Potencia necesaria para el accionamiento de la bomba en W

Q = Caudal en m^3/s

F = Esfuerzo del cilindro en N

η_{tot} = Rendimiento total ($\approx$0,8)

p = Presión en N

S = Sección del cilindro en m^2

M$_d$ = Par motor del motor oleohidrálico en N·m

V_h = Cubicaje del motor oleohidrálico en m^3

η_m = Rendimiento mecánico ($\approx$ 0,9)

v = Velocidad del cilindro en m/s

n = Velocidad del motor oleohidráulico en rad/s

η_v = Rendimiento volumétrico. ($\approx$ 0,9)

N_c = Potencia del cilindro en W

N_m = Potencia del motor oleohidrálico en W

NOTA: Los valores dados para los rendimientos son orientativos, ya que los valores exactos son específicos de cada elemento y de las condiciones de trabajo, los cuales se obtendrán de los catálogos técnicos pertenecientes a cada uno de ellos.

Naturalmente, si en una instalación se quiere realizar una modificación, habrá que revisar los efectos que se producirán y determinar si la instalación está preparada para soportar dichos efectos.

Los principales factores a considerar dentro de una instalación a modificar son, entre otros: características técnicas de todos los elementos integrantes del circuito (bomba, motor eléctrico, filtros, válvulas, conducciones, cilindros, capacidad del depósito...) De otra forma, podrían producirse resultados imprevisibles.

Hasta este instante, únicamente se han suministrado unas ideas de una instalación oleohidráulica esquematizada, que por sí sola no podría efectuar las funciones solicitadas en la práctica.

Recuerden que las bombas necesitan aspirar el aceite de un depósito que debe reunir una determinadas condiciones. Al iniciar el fluido su viaje a través de la instalación, debe controlarse la presión y a veces con valores máximos distintos en determinados puntos; el caudal puede ser necesario regularlo en ciertas ocasiones; la dirección de la circulación del aceite debe poderse controlar; los elementos oleohidráulicos deben trabajar en tales condiciones; que la instalación requiere ciertos elementos para garantizar y prevenir accidentes; se necesitan aparatos de lectura para conocer las condiciones de trabajo,...

El conjunto de la instalación debe hacerse de forma que cumpla con las normas generales de toda instalación, pero también puede ser, que ésta, se halle sujeta a ciertos fenómenos particulares a considerar.

Como puede suponerse, en esta primera publicación se darán algunas nociones y sugerencias que serán el objeto de los capítulos siguientes, pero el buen criterio del técnico es el que tiene que decidir la mejor forma de obtener los resultados deseados.

En cuanto a las **ventajas** de las instalaciones oleohidráulicas, entre muchas otras, caben mencionar:

- Las que se derivan por el solo hecho del procedimiento de que se valen para transmitir la energía: convierten la energía mecánica en energía de fluido y viceversa de forma sencilla

- Grandes potencias específicas: la relación entre pesos y volúmenes con la potencia a transmitir.

- La facilidad para obtener determinados controles de esta energía y la forma de racionalizarla debido a los grandes avances conseguidos en esta rama.

Todas estas ventajas han hecho que las instalaciones oleohidráulicas se hayan hecho aconsejables en gran cantidad de máquinas y muy difícilmente sustituibles en otras muchas, como se podrá observar a continuación.

3.2.3 Guía práctica de selección de un cilindro oleohidráulico

1º Paso

Cálculo de la velocidad lineal del cilindro (conociendo como datos iniciales: esfuerzo, carrera del cilindro, tiempo de recorrido y revoluciones a las cuales debe girar la máquina motriz o conductora que accionará la bomba.

$$v = \frac{e}{t}$$

2º Paso

Cálculo de la potencia desarrollada por el cilindro:

$$N_c = \frac{vF}{60}$$

3º Paso

Cálculo de la potencia de accionamiento de la bomba:

$$N_a = \frac{N_c}{\eta_{\text{total}}}$$

4º Paso

Elección de la bomba adecuada mediante catálogo y en función del dato obtenido en apartado 3º.

5º Paso

Cálculo de la sección necesaria del cilindro dependiendo de los datos de la bomba:

$$S = \frac{F}{p}$$

Se tiene que:

$$S = \frac{\pi \cdot D^2}{4}$$

Entonces obtenemos:

$$D = \sqrt{\frac{S \cdot 4}{\pi}}$$

6º Paso

Búsqueda del cilindro en catálogo según datos obtenidos anteriormente (según sección F o según diámetro D)

7º Paso

Recálculo de la presión de trabajo "p" para el nuevo pistón escogido:

$$p = \frac{F}{S}$$

(Comprobar si la bomba escogida anteriormente cumple con la "p" obtenida para el cilindro del catálogo)

8º Paso

Cálculo del caudal de la bomba "Q":

$$Q = \frac{v \cdot S}{10}$$

(Comprobar otra vez si la bomba escogida es válida)

9º Paso

Recálculo de la velocidad del cilindro con los caudales de las diferentes bombas posibles para el circuito:

$$v = \frac{Q \cdot 10}{S}$$

10º Paso

Cálculo del cubicaje de la bomba:

$$V_b = \frac{Q}{n}$$

11° Paso

Calculo de la potencia de accionamiento de la bomba en función del caudal y la presión de trabajo:

$$N_a = \frac{p \cdot Q}{450}$$

12° Paso

Obtención del cubicaje real teniendo en cuenta las pérdidas de fluido del circuito:

$$V_{b_{real}} = \frac{V_b}{\eta_{\text{volumétrico}}}$$
$$V_{b_{real}} \cdot n = Q$$

13° Paso

Calculo de la potencia real de accionamiento la cual será la potencia que se necesitará en la máquina motriz:

$$N_a' = \frac{N_a}{\eta_{\text{total}}}$$

3.2.4 Guía práctica de selección de un motor oleohidráulico

1° Paso

Calculo del par del motor oleohidráulico mediante el conocimiento de los datos de la potencia que se desean obtener y la velocidad angular:

$$M_d = \frac{716{,}2 \cdot N}{n}$$

2° Paso

Búsqueda de un motor oleohidráulico de dicho par (teniendo en cuenta rendimiento volumétrico, o sea, búsqueda de motor según su par efectivo).

3° Paso

Cálculo de la presión de trabajo:

$$p = \frac{175 \cdot M_d}{M_{d_{\text{tabla efectivo}}}}$$

4º Paso

Cálculo del caudal para que gire el motor oleohidráulico a la velocidad angular n dada (en función del caudal obtenido en catálogo teniendo en cuenta las pérdidas):

$$Q^* = \frac{Q_{\text{catálogo}}}{\eta_{\text{vol}}}$$

5º Paso

Conociendo el caudal y la presión de trabajo se busca una bomba adecuada.

6º Paso

Obtención de las revoluciones por minuto reales que se obtiene según bomba escogida:

$$n' = \frac{1000 \cdot Q_{\text{catálogo bomba}}}{Q^*}$$

(Tomar la decisión de que bomba es la más adecuada)

7º Paso

Cálculo del cubicaje del motor oleohidráulico:

$$V_h = \frac{(M_d \cdot 2 \cdot \pi \cdot 100)}{(p \cdot \eta_{\text{mecánico}})}$$

8º Paso

Cálculo del caudal necesario:

$$Q^{**} = \frac{V_h}{\eta_{\text{volumétrico}}}$$

y el caudal necesario para la bomba debe de ser:

$$Q_{\text{bomba}} = \frac{Q^{**}}{\eta_{\text{volumétrico}}}$$

9º Paso

Cálculo real de la potencia de accionamiento de la bomba la cual será la necesaria para la máquina motriz escogida, por ejemplo motor eléctrico:

$$N'a = \frac{Q^{**} \cdot p}{450 \cdot \eta_{\text{total}}}$$

4

Selección de elementos oleohidráulicos

4.1 Procedimiento general de selección

Para elegir convenientemente los elementos oleohidráulicos que compondrán el circuito, es necesario conocer a priori:

1. El tipo de trabajo que se pretende realizar (esfuerzos, velocidades, secuencias, seguridades, situaciones especiales que puedan producirse...)

2. Los posibles elementos oleohidráulicos seleccionables, sus funciones, características técnicas, limitaciones...

Una vez conocidos estos datos pueden plantearse circuitos compuestos por unos elementos, que montados y combinados, realicen:

- El trabajo deseado, y

- Proporcionen unas condiciones adecuadas de funcionamiento al conjunto de la instalación proyectada.

Respecto al punto 1) no es objeto de esta primera publicación ya que es específico de cada máquina y fruto de unos conceptos, cálculos y experiencias del constructor de cada una. En publicaciones posteriores, se harán observaciones al respecto, fruto de la experiencia de los autores y de casas fabricantes colaboradoras.

En lo que concierne al punto 2) se van a describir los elementos de uso más frecuentes únicamente, dando una ligera idea de su función. Existen una gran cantidad de libros de consulta técnica especializada sobre el tema; en esta publicación se busca simplificar y dar una idea clara de la técnica oleohidráulica al profano en la materia: estudiantes de ingeniería, mecánicos de taller, profesionales no versados en dicha técnica.

Por último, hacerles una advertencia, no se busca sustituir los catálogos técnicos de cada elemento perteneciente a un fabricante ni sus manuales de procedimiento, se busca darles herramientas eficaces para comprender y poder utilizar correctamente la información técnica suministrada por ellos.

A la hora de seleccionar, en cada catálogo técnico se podrá encontrar una mayor información sobre los posibles elementos, con características, funcionamiento, montaje, limitaciones...

Estos elementos se dividirán en los siguientes grupos:

1. Elementos generadores.

2. Elementos receptores.

3. Controles.

4. Accesorios.

5. Depósitos, filtros e intercambiadores de calor.

La Figura 4.1 muestra un esquema de los diferentes componentes de las instalaciones oleohidráulicas y su interelación.

ELEMENTOS GENERADORES DE CAUDAL
Bombas y Acumuladores.

ELEMENTOS DE CONTROL

TEMPERATURA
Y
FILTRADO.

ELEMENTOS REGULADORES.
Encargados de mantener ciertos parámetros entre unos límites preestablecidos. (presión, caudal, apertura y cierre).

ELEMENTOS DISTRIBUIDORES.
Encargados de dirigir la corriente fluida hacia uno u otro punto del circuito según órdenes recibidas manual ó automáticamente (electroválvulas).

ELEMENTOS DE CONEXIÓN A TANQUE.
Conductos de suministro y recogida de fluido conectados al depósito.

ELEMENTOS RECEPTORES.
(=ACTUADORES)
Aquellos que, recibiendo el fluido con el caudal preciso (y generándose una presión suficiente), realizan el trabajo mecánico deseado.
Se pueden dividir en dos grandes grupos:
- Cilindros.
- Motores.

Figura 4.1: Esquema resumen de las instalaciones oleohidráulicas

4.1.1   Elementos generadores

La fuente o la reserva de energía oleohidráulica es generalmente una bomba o un acumulador oleodinámico. En casos excepcionales, esta función puede ser desarrollada por un motor oleodinámico o un cilindro que trabajen en condiciones inversas. Es decir, los motores y los cilindros están destinados por definición a convertir la energía oleohidráulica en energía mecánica (desplazamientos lineales o rotativos), pero utilizados en condiciones adecuadas pueden convertir una acción mecánica externa (par o fuerza) en energía oleohidráulica, y asumir por tanto la función de generadores.

Bomba

La función de las bombas es suministrar el caudal de aceite necesario al circuito oleohidráulico.

Convierten la energía mecánica suministrada por la maquina motriz (motor eléctrico o de explosión) que se halla acoplada al eje de la bomba en energía fluidica dentro de la bomba.

Un error común, que se da en muchos talleres mecánicos, es el considerar que las bombas son las que suministran la presión al circuito. Eso es absolutamente falso, solo suministran caudal al sistema. La presión es generada por la demanda de los receptores o consumidores.

Dentro de las bombas que se utilizan en Oleohidráulica, se pueden reseñar:

- Bombas Hidrostáticas: Son bombas de desplazamiento positivo. Son aquellas que suministran la misma cantidad de aceite en cada ciclo ó revolución del elemento de bombeo, independientemente de la presión que encuentre el aceite a su salida. Existen 2 tipos:
  - De caudal fijo ó constante.
  - De caudal variable.
- Bombas Volumétricas: Suministran un volumen específico de aceite para cada carrera, necesitando una válvula contra las sobrepresiones.

En las aplicaciones oleohidráulicas, las bombas se subdividen según el tipo de impulsión en:

- Bombas de engranajes
- Bombas de paletas
- Bombas de pistones: radiales o axiales

Los parámetros fundamentales de selección de una bomba son:

1. Cilindrada o desplazamiento, Velocidad de giro, Potencia a suministrar, Rendimiento volumétrico de la bomba, presión de trabajo y presión máxima continua.

2. Caudal Nominal: Se puede expresar en l/min. o por el desplazamiento en cada vuelta (cm^3/rev), llamando **desplazamiento** al volumen de líquido transferido por la bomba en 1 revolución.

3. Presión de Trabajo: Valor de presión máxima de trabajo (dato del fabricante) o mediante la gráfica presión/vida en algunas estimaciones.

4. Caudal: $Q = $ cilindrada $(cm^3/rev) \cdot$ velocidad (rpm).

5. Rendimiento Volumétrico: $\eta_v = \dfrac{Q_{real}}{Q_{teórico}}$ $(0{,}8 < \eta_v < 0{,}99)$

6. Rendimiento Total: $\eta_{total} = \eta_{volumétrico} \cdot \eta_{mecánico}$

Figura 4.2: Diferentes tipos de bombas

4.1.2 Elementos receptores (actuadores):

Son los órganos en los cuales la energía oleohidráulica generada se convierte en la energía mecánica de utilización (fuerza o par). A esta categoría pertenecen los cilindros (que desarrollan un movimiento lineal) y los motores oleodinámicos (que ejecutan un movimiento giratorio continuo). Entre generadores y receptores se intercala habitualmente toda una serie de órganos de regulación y distribución.

Cilindro olehidráulico

La función de un cilindro oleohidráulico es producir movimientos rectilíneos como consecuencia de la presión ejercida sobre la superficie del émbolo móvil dentro de la carcasa del cilindro. Por tanto, transforman la energía oleohidráulica ? energía mecánica.

Se clasifican en:

- Cilindros de simple efecto. La presión del circuito genera un movimiento en un solo sentido, lo que provoca que el movimiento de trabajo tenga un solo sentido. El émbolo retrocede por efecto de una fuerza externa o por acción de un muelle.

- Cilindros de doble efecto. La presión del aceite circulante actúa alternativamente en ambos sentidos, lo que significa que los movimientos de trabajo actúan también en ambos sentidos.

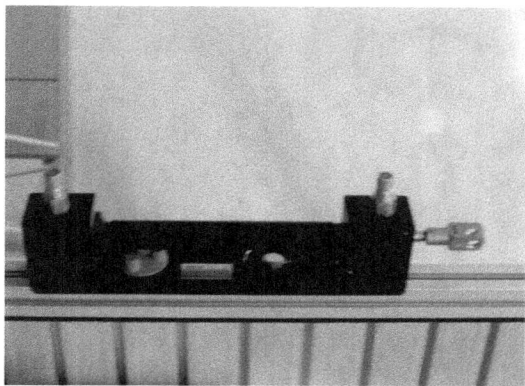

Figura 4.3: Cilindro de doble efecto.

Motor oleohidráulico

La función de un motor oleohidráulico es convertir la energía fluídica del aceite circulante en energía mecánica (Par a transmitir o Potencia a transmitir) a la máquina conducida acoplada al eje del referido motor.

Se alimenta a través de una de las conexiones de entrada, haciendo girar el elemento conversor y transmitiendo el giro al eje de salida. La alimentación alternativa y la descarga del aceite se controlan a través del colector y los conductos piloto de la carcasa.

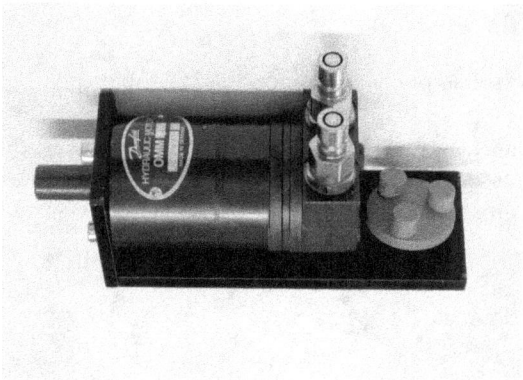

Figura 4.4: Motor oleohidráulico bidireccional

Existen diferentes tipos según:

- Sentido de giro: Uno (unidireccional) o dos(bidireccional, el más común). El sentido de giro del motor depende del sentido en el que el aceite circula por su interior.

- Tipo de elemento conversor de la energía: engranajes, paletas, pistones. De forma análoga a las bombas.

Figura 4.5: Diferentes tipos de motores oleohidráulicos (cortesía Brevini S.p.A)

Accionamiento oscilante

Realiza un movimiento oscilante de accionamiento sobre un extremo de eje, independientemente de la forma y del tipo de construcción.

4.1.3 Controles

Válvulas de control de presión

Atendiendo el tipo de control se pueden clasificar en los subgrupos siguientes:

1. Válvulas de seguridad o limitadoras de presión Su función es impedir que la presión alcance un valor superior al admisible. Su trabajo lo realizan evacuando al depósito el aceite sobrante pero manteniendo en la línea la presión de su tarado.

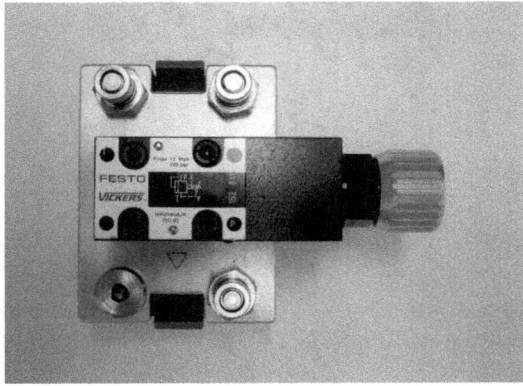

Figura 4.6: Válvula limitadora de presión, versión pilotada.

2. Válvulas de puesta en vacío Además de actuar como las de seguridad, ofrecen la particularidad de descomprimir la línea: dejando escapar el aceite libremente al depósito, es decir, sin mantener la presión, siempre que en su orificio de pilotaje reciba una presión superior a la de su tarado.

3. Válvulas de secuencia Su función es abrir la línea en la que van conectadas cuando se alcanza un valor igual o superior a la de su tarado, dejando circular el aceite hacia otro sector donde deba desarrollar un trabajo alternativo. Si la presión en la línea alcanzara un valor inferior al de su tarado, vuelven a cerrarse bloqueando el paso del aceite y desarrollando de nuevo el trabajo principal.

4. Válvulas reductoras Su función es impedir que la presión a su salida alcance un valor superior al que han sido taradas, cualquiera que sea el valor de la presión en su entrada.

Figura 4.7: Válvula limitadora de presión, versión pilotada.

5. Válvulas de Contrapresión: Su función de la válvula de contrapresión es mantener una presión en un circuito para evitar el mal funcionamiento del mismo. Son válvulas normalmente cerradas. Se suelen utilizar para controlar el descenso en un cilindro vertical, evitando el descenso libre debido a la fuerza de gravedad, o para mantener la presión en el cilindro de una prensa evitando su caída libre.

Válvulas distribuidoras o distribuidores

Su función es dirigir el paso de aceite hacia los distintos conductos o conexiones existentes en las mismas. Se clasifican según el tipo de accionamiento que posean:

- Manuales: Se accionan mediante dispositivo manual(mando o pedal).

- Electro-válvulas: Se accionan mediante bobinas eléctricas de 12, 24 o 220 V. La función de la válvula es todo o nada, permitiendo o impidiendo el paso del fluido a través de las mismas.

- Válvulas proporcionales. A diferencia de las anteriores, regulan el caudal o la presión en forma proporcional a la señal eléctrica que reciben. Este control se realiza

Figura 4.8: Válvula distribuidora de accionamiento manual.

Figura 4.9: Electroválvula.

por la acción de un solenoide proporcional. Según los caudales y las presiones del circuito oleohidráulico, las válvulas proporcionales serán de accionamiento directo del solenoide proporcional sobre la válvula oleohidráulica, o pilotadas, donde el solenoide proporcional acciona una válvula de pilotaje que a su vez acciona la válvula principal.

- Servoválvulas. Son válvulas proporcionales que reciben la retroalimentación de uno o varios sensores de presión y/o caudal, de forma que son capaces de regular la presión y/o caudal de forma precisa mediante un control de lazo cerrado.

Válvulas de control de caudal

Son las encargadas de regular el caudal de aceite y con ello la velocidad del elemento receptor. Básicamente puede ser de dos tipos:

1. Compensadas Su función de regulación es prácticamente insensible a los cambios de

Figura 4.10: Reguladora de caudal compensada.

presión y temperatura que tengan que soportar durante su actuación.

2. No compensadas Su función de regulación se ve afectada por los cambios de presión y

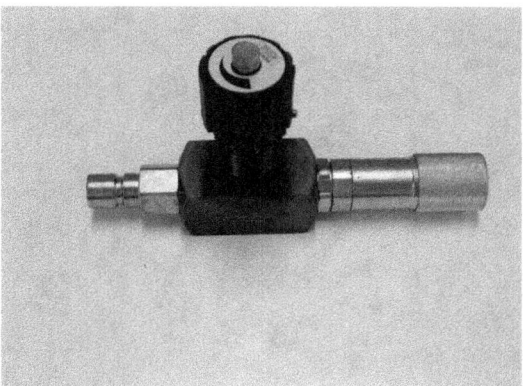

Figura 4.11: Reguladora de caudal no compensada.

temperatura.

Válvulas antiretorno o de retención

Su función es permitir la circulación del aceite en un sentido y lo bloquearlo en el contrario. Pueden ser de dos tipos:

1. Unidireccionales: En las que el aceite solo puede circular en un sentido, nunca en el contrario.

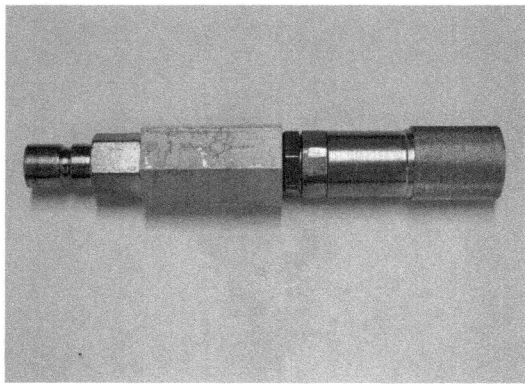

Figura 4.12: Válvula antiretorno no pilotado.

2. Pilotadas: En las que el aceite puede circular, además del sentido preferencial, en sentido contrario cuando se actúa sobre su sistema de pilotaje.

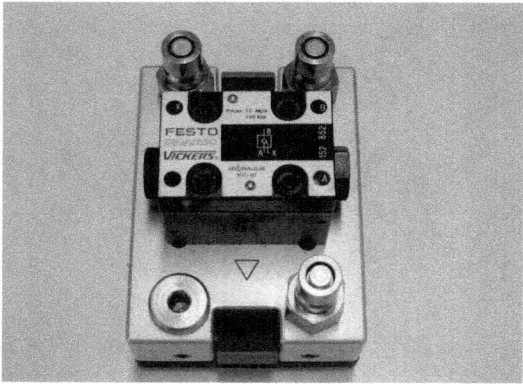

Figura 4.13: Válvula antiretorno, versión pilotada.

Válvulas de prellenado y vaciado

Su función es permitir la alimentación directa de aceite desde el tanque a elementos receptores a través de las mismas válvulas referidas.

Por ejemplo, en el caso de un cilindro que al desplazarse por una fuerza externa, la gravedad, deba succionar el aceite del depósito. Esta válvula actuaría del siguiente modo:

- Se bloquea al someter a presión la cámara del cilindro a la que va conectada.

- En el momento deseado se envía una presión piloto a dicha válvula, en la cual se abre la conducción, permitiendo que el cilindro pueda retroceder evacuando el aceite al depósito a través de ella misma.

Están concebidas para grandes caudales, internamente son muy similares a las de válvulas de retención pilotada.

Acumuladores

Su función es almacenar cierta cantidad de energía para cederla cuando sea necesaria al circuito, mediante la acción de un gas. Se emplean también en la absorción de puntas de presión que aparezcan de forma súbita en el circuito. Por tanto, son capaces de mantener una presión mínima en el circuito .

Existen diferentes tipos, los más utilizados son : de membrana y de vejiga

Figura 4.14: Acumulador hidráulico

4.1.4 Accesorios

En este apartado, se agrupan los elementos oleohidráulicos cuya función es proporcionar unas mejores condiciones de trabajo a la instalación.

A continuación, se citan los más usuales cuyo nombre da idea de su función principal.

1. Latiguillos o tuberías flexibles.

   En las instalaciones industriales normalmente se interconexionan los componentes fijos mediante tuberías rígidas intercalando entre estos componentes y las referidas tuberías este tipo de mangueras flexibles para aislar a los referidos componentes de vibraciones no deseadas.

   En los bancos de pruebas didácticos se sustituyen las tuberías rígidas por latiguillos con extremos de conexión rápida, para facilitar el montaje y desmontaje de los diferentes componentes o variantes.

   Estas mangueras flexibles pueden ser utilizadas para diferentes presiones(desde bajas hasta altas presiones) según el número y combinación de capas de las que se componen.

   Como ejemplo, las existentes en el referido banco de ensayos son de alta presión y están formadas por tres capas superpuestas: La manguera interna está hecha de goma sintética, la segunda y tercera capa de alambre trenzado y la cubierta de goma sintética es resistente a la abrasión.

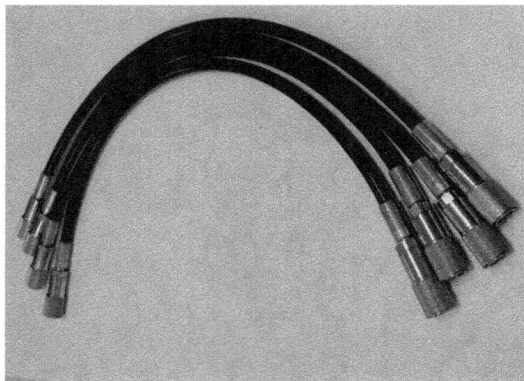

Figura 4.15: Latiguillos

2. Válvulas antichoque

3. Niveles de aceite

4. Termómetros

5. Tapones de llenado

6. Filtros de aire

7. Purgas de aire

Figura 4.16: Termómetros

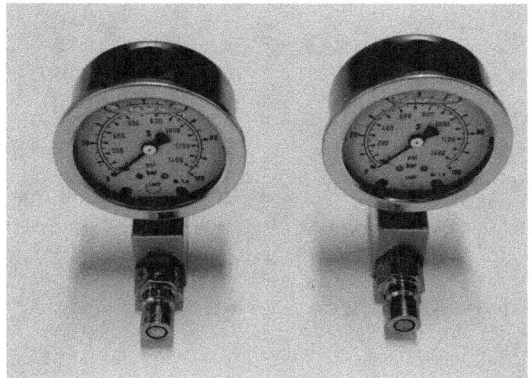

Figura 4.17: Manómetros

8. Manómetros.

9. Presostatos

Figura 4.18: Presostato

10. Caudalímetros

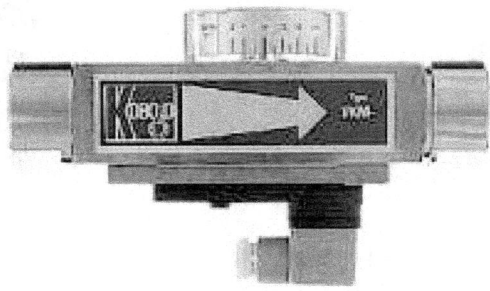

Figura 4.19: Caudalímetro

11. Vacuómetros

No hay que olvidar que existen otros tipos de elementos que, aunque de aplicación menos frecuente, puede solucionar satisfactoriamente los imperativos de ciertas instalaciones.

4.1.5 Depósitos, filtros e intercambiadores de calor

Depósitos o tanques

1. Son los encargados de almacenar el volumen de aceite perteneciente a una instalación.

2. Permiten disipar de forma eficiente los excesos de calor existente en el fluido circulante.

3. Almacenan las impurezas (partículas contaminantes) que no han sido detectadas por el filtro de retorno.

4. Sirven de soporte de otros elementos del circuito en multitud de ocasiones.

Filtros

Liberan de impurezas contaminantes al aceite circulante de la instalación.

Intercambiadores de calor

Son los encargados de mantener la temperatura del fluido circulante en el rango óptimo de utilización, debido a que temperaturas superiores a 80°C degradan las propiedades intrínsecas de los aceites oleohidráulicos y de las juntas de los elementos existentes en la instalación que se hallen en contacto con dicho aceite.

En los capítulos siguientes, se describirán de forma pormenorizada cada uno de estos elementos para una mayor comprensión del lector. No es objeto de esta publicación, los procedimientos de selección y cálculo, los cuales se detallarán en la siguiente publicación.

4.2 Esquema metodológico de selección y dimensionado de un circuito oleohidraulico.

En la Figura 4.20 se sintetiza el procedimiento de cálculo y selección de los principales componentes de una instalación oleohidráulica como son:

- Actuadores o receptores: cilindros y motores.

- Generadores: bombas.

El resto de componentes de una instalación se seleccionan en virtud de estos.

Normalmente este diagrama se realiza varias veces ya que existe una limitación de tamaños de estos componentes debido a que no todos los tipos de cada uno de ellos valen para todos los rangos de velocidades, presiones de servicio o cilindradas unitarias.

No entra dentro de esta publicación la realización de cálculos complejos donde se tengan en cuenta todos los componentes con sus diagramas de trabajo, diferentes rendimientos y pérdidas. Se intenta introducir al lector de una forma fácil y amena en la determinación y observancia de soluciones a problemas propuestos donde la técnica oleohidráulica sea ventajosa respecto a otras técnicas de accionamiento.

IMPORTANTE. Descompongan siempre los problemas complejos en problemas sencillos, obtendrán de esa forma soluciones sencillas.

4.2.1 Preselección de bombas y motores en una instalación oleohidráulica

La selección tanto de motores como de bombas oleohidráulicas se realiza fundamentalmente a través del caudal, comprobándose que las presiones necesarias

para la transmisión de potencia no sobrepasen en ningún caso, la presión máxima admisible en el motor o en la bomba.

El proceso de cálculo requiere de la determinación previa del caudal necesario en los consumidores (cilindros y/o motores oleohidráulicos), en función de las prestaciones requeridas, para posteriormente determinar el tamaño del motor y de la bomba en base a este caudal.

La siguiente ecuación nos permiten obtener el caudal absorbido/generado por un motor/bomba oleohidráulicos en función del régimen de giro:

$$Q_{\text{motor}} = \frac{n \cdot V_g}{1000 \cdot \eta_{vol}} (\text{l/min})$$

$$Q_{\text{bomba}} = \frac{n \cdot V_g \cdot \eta_{vol}}{1000} (\text{l/min})$$

Donde:

V_g es la cilindrada geométrica ($\text{cm}^3/\text{Rev.}$).

n es el régimen de giro (r.p.m.).

η_{vol} rendimiento volumétrico.

Q es el caudal (l/min.).

La relación existente entre la potencia, el caudal y la presión será:

$$\text{POT}_{\text{motor}} = \frac{p \cdot Q \cdot \eta_{vol}}{600 \cdot \eta_{mh}} \text{ kW}$$

$$\text{POT}_{\text{bomba}} = \frac{p \cdot Q}{600 \cdot \eta_{vol} \cdot \eta_{mh}} \text{ kW}$$

Donde:

η_{vol} rendimiento volumétrico.

η_{mh} rendimiento mecánico-hidráulico.

Q caudal (l/min.).

POT potencia (kW.).

La presión generada por los consumidores se calculará a través de las expresiones anteriores:

$$p = \frac{\text{POT}_{\text{motor}} \cdot 600 \cdot \eta_{mh}}{Q \cdot \eta_{vol}}$$

El par de salida en el motor y la bomba se calculará según la siguiente expresión:

$$\frac{T_{\text{bomba}} \cdot \omega}{1000} = \frac{p \cdot Q}{600 \cdot \eta_{vol} \cdot \eta_{mh}}$$

$$T_{\text{bomba}} = \frac{1000 \cdot p \cdot Q}{600 \cdot \eta_{vol} \cdot \eta_{mh} \cdot \omega} = \frac{1000 \cdot p \cdot Q}{600 \cdot \eta_{vol} \cdot \eta_{mh} \cdot n \cdot \frac{2 \cdot \pi}{60}}$$

$$T_{\text{bomba}} = \frac{50 \cdot p \cdot Q}{\eta_{vol} \cdot \eta_{mh} \cdot n \cdot \pi}$$

Sustituyendo el valor del caudal en función del régimen de giro:

$$T_{\text{bomba}} = \frac{50 \cdot p \cdot \dfrac{n \cdot V_g \cdot \eta_{vol}}{1000}}{\eta_{vol} \cdot \eta_{mh} \cdot n \cdot \pi} = \frac{p \cdot V_{g_{\text{bomba}}}}{20 \cdot \pi \cdot \eta_{mh}}$$

$$T_{\text{motor}} = \frac{p \cdot V_{g_{\text{motor}}}}{20 \cdot \pi \cdot \eta_{mh}}$$

Dado que la presión de trabajo en el motor y la bomba es la misma, la relación entre pares bomba/motor podemos obtenerla directamente a partir de sus cilindradas:

$$\frac{T_{\text{bomba}}}{T_{\text{motor}}} = \frac{V_{g_{\text{bomba}}}}{V_{g_{\text{motor}}}}$$

A continuación en la Figura 4.21, se suministra un cuadro resumen de una primera selección de una bomba o motor oleohidráulico para una instalación a diseñar. Este cuadro no es un nomenclátor de aplicación sino que intenta dar una visión de lo complicado que puede ser realizar una elección para un no iniciado en este tipo de instalaciones.

Dado que la técnica avanza muy deprisa, los autores recomiendan revisar los parámetros técnicos de selección (presión de servicio, cilindradas unitarias, velocidades de giro, tipo de circuito utilizable) y sus recomendaciones en las hojas técnicas de los fabricantes de componentes oleohidráulicos hasta que adquieran una experiencia suficiente.

IMPORTANTE. Los valores de presión de servicio establecidos en el cuadro pueden variar según el fabricante de la bomba o del motor oleohidráulico y recuerden que la presión de servicio o presión máxima continua es diferente al valor de presión máxima intermitente. Ambos valores se reflejan en la hojas técnicas.

4.3 Determinación de los diferentes elementos de una instalación oleohidráulica

Inicialmente, se debe definir de la forma lo más exacta posible el trabajo que ha de realizar la instalación oleohidráulica a proyectar. Esto permitirá seleccionar de la forma más rápida posible el número y tipo de elementos receptores.

Para los profanos en la materia, este trabajo mecánico a definir vendrá expresado por:

1. Un esfuerzo a realizar, una distancia a recorrer y el tiempo en que ha de efectuarse el desplazamiento si el elemento receptor es un cilindro.

2. El par motor y la velocidad de giro del elemento si el elemento receptor es un motor oleohidráulico.

A continuación, se darán algunas observaciones prácticas para la determinación del elemento receptor más adecuado: caso de un cilindro y en el caso de un motor oleohidráulico en instalaciones sencillas. Esto permitirá al lector comprender de forma rápida las funciones de dichos elementos pero deberá tener muy presente que este tipo de instalaciones sencillas no se dan de forma aislada sino interconectadas a otras similares, la cuales forman combinaciones complicadas. Más adelante, se darán observaciones al respecto.

4.3.1 Cilindro oleohidráulico único

Por cálculos ingenieriles, se obtiene el esfuerzo a vencer por el cilindro.

Si se observa la Ecuación 2.1 este esfuerzo a vencer es el producto de una presión por una sección. Por tanto, en esta ecuación existen dos variables y las soluciones numéricas son infinitas.

Posibles alternativas basándose en la Ecuación 2.1:

1. Si la presión del circuito fuese muy baja, la sección interior del cilindro ha de ser muy grande. Este condicionamiento dimensional obliga a seleccionar un cilindro de

grandes dimensiones, por lo que se necesitaría un caudal de aceite muy elevado para alcanzar la velocidad requerida (ver la Ecuación 2.2). Todo esto conlleva a una serie de dificultades de instalación, peso, volumen y a un encarecimiento innecesario de la instalación debido a dimensiones excesivas en todos los elementos del circuito: cilindro, bomba, depósito, válvulas, tuberías,...

2. Si la presión del circuito fuese muy alta, podría ocurrir que no pudieran encontrar elementos adecuados para esa presiones o fueran difícilmente localizables debido a los stocks mínimos existentes en el mercado o que su precio fuese excesivo, que existiesen dificultades en válvulas, montajes, etc.

Conclusión: La presión del circuito debe fijarse de una forma racional. Podría seleccionarse dicha presión como la máxima permitida por una bomba que, además de dar la potencia necesaria, ofrezca unas determinadas ventajas de calidad, disponibilidad, mantenimiento, montaje, precio.

Pero al final, esta presión del circuito se deberá rebajar debido a que si se toma su valor análogo a la presión máxima de la bomba seleccionada, se fija de forma automática la sección interior del cilindro, según la Ecuación 2.1 y en muy pocas ocasiones se puede comprar o fabricar un cilindro que tenga exactamente la sección interior calculada.

Los cilindros oleohidráulicos están estandarizados a determinados diámetros por motivos de la normalización de tubos, ejes, juntas, empaquetaduras...

Esta limitación práctica es de solución simple: Seleccionar un cilindro que se pueda adquirir o construir, y cuya sección interior sea la más cercana por exceso a la que se calculó al fijar la presión.

Con este cilindro seleccionado se puede obtener la nueva presión de trabajo, aplicando la Ecuación 2.1. Esta presión de trabajo será inferior a la calculada inicialmente.

En teoría ya está seleccionado el cilindro adecuado pero no debe olvidarse de un detalle constructivo que puede provocar la avería de dicho elemento y limita el tamaño inferior constructivo del cilindro: el vástago del mismo debe poder soportar el esfuerzo a que se verá sometido. En caso contrario, es necesario sobredimensionar el vástago, y puede ocurrir que por motivos constructivos, haya que sobredimensionar el cilindro, y por tanto, trabajar a una presión inferior.

Una vez determinada la presión de trabajo y el cilindro adecuado según las limitaciones descritas anteriormente, habrá que seleccionar la bomba más adecuada de una serie de bombas capaces de cumplir el requisito de presión de trabajo.

De acuerdo con la velocidad prevista y dimensiones del cilindro elegido, debe seleccionar el tipo de bomba oleohidráulica que proporcione el caudal necesario, el cual se puede calcular mediante la Ecuación 2.2.

Solamente la casualidad, como en el caso del cálculo de la sección interior del cilindro, puede hacer que encuentre la bomba que suministre el caudal exacto calculado a priori, en caso contrario, se deberá calcular si la bomba de cilindrada inmediatamente superior e inferior proporciona una velocidad adecuada. Si la velocidad no fuese aceptable o no se encontrase la bomba adecuada, se rehacen los cálculos partiendo del cilindro inmediatamente mayor en diámetro interior. Esto provocaría una variación en los parámetros de la presión del circuito y el caudal a suministrar.

Existen otros procedimientos más complejos para obtener el caudal preciso, como por ejemplo: bomba de caudal variable, regulador de caudal, etc, pero su aplicación será objeto de otras publicaciones. Todo lo explicado hasta ahora guarda una intrínseca relación con los circuitos de la Oleohidráulica básica denominados **Circuitos de cilindrada fija o de caudal fijo**. El resto se basan en ellos y se desarrollaron para solucionar las limitaciones de éstos.

4.3.2 Motor oleohidráulico único.

El diseñador de máquinas debe determinar a priori los parámetros y características técnicas del motor oleohidráulico a utilizar. Estos se expresan normalmente:

- En forma de potencia a transmitir y la velocidad requerida

- En forma de par motor y velocidad.

Recuerden que el Par motor puede calcularse por la ecuación siguiente:

$$M_d = \frac{716{,}2 \cdot N}{n}$$

M_d = Par motor en mkg

N = Potencia en C.V.

n = Velocidad en r.p.m.

716,2 = Constante debida al cambio de unidades.

Conocido el par motor se puede seleccionar en el catálogo técnico del fabricante el motor oleohidráulico que pueda proporcionar el par deseado a una presión admisible y que pueda girar a la velocidad solicitada.

A veces, existen fabricantes de motores oleohidráulicos que, en sus catálogos proporcionan como dato el valor del Par teórico, y a la vez, suministran los valores de los rendimientos respectivos, con lo cual se puede determinar el Par efectivo.

Otro dato que normalmente suministran es el cubicaje del motor y los valores del rendimiento volumétrico (fugas), con lo que se puede calcular el Caudal real de aceite que debe recibir el motor para girar a la velocidad prevista.

Una vez determinado el motor oleohidráulico, se debe seleccionar la bomba adecuada que, satisfaga los requerimientos técnicos (presión y caudal) del motor elegido.

En los casos más sencillos, se presupone que el Par (o el esfuerzo a realizar) y su velocidad correspondiente de los elementos receptores se mantienen constantes durante el ciclo completo de trabajo.

Pero este caso no es el usual en la práctica diaria.

Caso 1: Si la velocidad del elemento receptor debe ser constante pero el par (el esfuerzo) puede sufrir variaciones, el problema es solucionable de forma sencilla: Bomba de caudal fijo calculada para el caso más desfavorable.

Si el Par (el esfuerzo) disminuye, automáticamente disminuye la presión. En consecuencia, disminuye la Potencia de accionamiento de la bomba ya que guarda una relación directamente proporcional con la potencia desarrollada por el elemento receptor.

Caso 2: Si la velocidad del elemento receptor es variable, es necesario que llegue un menor caudal de aceite al elemento receptor.

Partiendo de una bomba de caudal fijo, se puede obtener por los siguientes procedimientos:

1. Disminuir la velocidad de accionamiento de la bomba; esto produce una reducción de la potencia consumida por la bomba debido su directa relación con la Potencia desarrollada por el elemento receptor. En este caso, la solución: Una bomba de caudal fijo.

2. En el caso de se utilice una bomba de caudal fijo sin variación posible de su velocidad de giro, la bomba elegida adecuada será la que suministre el caudal necesario para el caso la velocidad máxima admisible del elemento receptor. Si es necesario disminuir la velocidad del receptor, menor caudal de aceite por tanto, la solución adecuada es: Desviar el caudal sobrante al depósito.

   Esta desviación se puede realizar de dos formas:

   a) POR DERIVACIÓN.

   Procedimiento: A través de un regulador de caudal intercalado entre bomba y elemento receptor, se desvía una cantidad determinada de caudal al depósito. El caudal que recibe el elemento receptor es menor y por tanto, su potencia y velocidad también lo son. Sin embargo, la potencia solicitada por la bomba no varía debido a que el caudal suministrado por la misma ni la presión de trabajo se alteran.

   Inconveniente. En este caso una potencia suministrada por la bomba a la presión de trabajo no es utilizable en el receptor ya que se pierde a través del regulador de caudal debido al aceite desviado al tanque.

   b) Por estrangulamiento.

   Procedimiento. Un regulador de caudal estrangula el paso del aceite, permitiendo que sólo una parte controlable pueda llegar al elemento receptor. El aceite suministrado por la bomba que no llega al receptor, produce que la presión de trabajo aumente en la línea bomba-regulador de caudal, hasta que la válvula de seguridad alcanza su límite de taraje. En ese instante, esta válvula se abre dejando salir al depósito el aceite sobrante, manteniendo la presión del circuito.

   Inconveniente. En esta variante a pesar de que el receptor funcione a una presión menor a la de tarado de la válvula de seguridad, la bomba funcionará siempre al valor de tarado en la válvula de seguridad.

Conclusión. En los dos casos descritos, es importante tener en cuenta que se produce una pérdida considerable de energía que se transforma en calor por laminación de aceite debido que la relación entre la potencia solicitada por la bomba y la desarrollada por el receptor no guardan la proporción más adecuada. Del cálculo de la diferencia de estas dos potencias referidas se obtiene como resultado la energía perdida.

Considerando esta potencia y el tiempo en que se trabaja en estas condiciones es posible calcular la cantidad de calor que se generará en el sistema oleohidráulico.

Conocido el volumen de aceite, superficie de irradiación del depósito, temperatura ambiente..., se puede calcular la temperatura máxima del aceite circulante.

Además debido al consumo innecesario de potencia y a las condiciones de trabajo de dicha bomba, el diseñador deberá sopesar si una bomba de caudal fijo es la solución más apropiada para realizar el trabajo definido. Por su economía y sencillez, es la elegida muchas veces.

En caso de decidir que una bomba de caudal fijo no es adecuada para el tipo de trabajo a realizar, existen varias soluciones alternativas:

1. Varias bombas de caudal fijo.

2. Una bomba de caudal variable.

3. Varias bombas de caudal fijo y una de caudal variable,

4. Un acumulador.

Se puede obtener cambios de velocidad utilizando bombas de caudal variable, en las cuales el caudal suministrado por la bomba responde a las necesidades del trabajo o a la potencia consumida.

Como introducción a uno de los capítulos siguientes en los que se describirá de forma más pormenorizada cada bomba de caudal variable, se puede resumir según el tipo de acciona-miento en:

1. Bombas de caudal variable que el caudal se regula:(las más usuales)

    a) manualmente (por volantillo)

    b) mecánicamente (por un vástago)

    c) eléctricamente (con motor eléctrico, que actúe sobre una leva)

    d) oleohidráulicamente (por un cilindro)

2. Bombas de caudal variable de presión compensada: Estas proporcionan su máximo caudal mientras la presión se mantiene dentro del límite seleccionado. Si se sobrepasa este límite, el caudal suministrado es solamente el necesario para mantener la presión requerida, compensando las posibles fugas que puedan existir.

3. Bombas de caudal variable a potencia constante: Estas proporcionan su máximo caudal mientras la presión no llegue al límite de taraje que obliga a la bomba a consumir más de una potencia determinada. Alcanzado este límite y a medida que se necesita más presión, la bomba va disminuyendo automáticamente su caudal, de forma que el producto caudal-presión se mantiene constante e igual a la potencia instalada. Este

tipo permite obtener siempre el máximo aprovechamiento de la potencia disponible. Veamos algunos ejemplos que nos indicarán diversos procedimientos:

En todos los casos citados, pueden calcularse la potencia transformada en calor calculando la potencia consumida por la bomba (Subsección 4.3.2) y deduciendo la desarrollada por el receptor.

Llegado este punto, se observa que la selección y cálculo de los diversos elementos de una instalación oleohidráulica es más compleja de lo que parecía a priori. El desarrollo de los cálculos se realizará en publicaciones posteriores así como ejemplos concretos y a continuación se describirá con más detenimiento cada uno de los elementos y accesorios que conforman una instalación oleohidráulica.

Hasta el momento se ha descrito de una forma muy somera el procedimiento general de diseño de una instalación de este tipo, a continuación se darán algunas consideraciones sobre los calentamientos en las instalaciones oleohidráulicas:

Recuerden que la diferencia entre la potencia dada por la bomba y la que realmente desarrolla el receptor, se transforma en calor.

En ocasiones, el calentamiento del aceite se produce en gran parte por la temperatura del medio que rodea a la instalación, por lo que no puede eliminarse, o a veces es imposible disponer de un sistema efectivo de refrigeración. En estos casos, se puede trabajar a una temperatura que normalmente se consideran excesiva en condiciones normales de trabajo.

En esas ocasiones, se debe seguir el consejo del fabricante de los elementos elegidos, el cual dará la temperatura máxima de trabajo de los mismos. En ocasiones, debidos a estas altas temperaturas de trabajo, se deberá modificar dichos elementos originales, por ejemplo sustituir las juntas y en otras, seleccionar un aceite que tenga la viscosidad adecuada a la temperatura de trabajo calculada. En aquellas ocasiones en que se deba trabajar a temperaturas de trabajo bajas, el aceite oleohidráulico seleccionado puede no ser adecuado debe precalentarse o cambiarse.

Sin embargo, la mayoría de las veces, la temperatura del aceite se alcanza debido al propio calor generado en la instalación debido a la Potencia consumida y no transformada en trabajo. Este aceite, a elevada temperatura, circula elevando también la temperatura de todos los componentes del sistema. Sin embargo, todo el sistema elimina calor por radiación.

Tomando en consideración toda la instalación, se observa que la potencia transformada en calor se puede tomar constante sin provocar grandes errores de cálculo, por lo menos durante ciclos de trabajo.

Sin embargo, el calor irradiado por la instalación depende de:

1. La conductividad de los materiales,

2. La superficie de irradiación,

3. Las diferencias de temperaturas entre la instalación y la del medio ambiente.

Se deduce: "el calor generado en la instalación es siempre el mismo y produce un incremento de la temperatura y, análogamente de la irradiación".

Partiendo de esta premisa, la instalación alcanzará una temperatura tal que:

$$\text{Calor irradiado} = \text{Calor generado}$$

Una vez alcanzada dicha temperatura se detiene dicho proceso de incremento. A esta temperatura se denomina **Temperatura de equilibrio**.

Llegado este caso el proyectista debe valorar si este valor es aceptable o no para el cálculo de la instalación:

- Si es aceptable, no se toma ninguna medida especial.

- Si no es aceptable, se debe buscar soluciones.

En el caso de que el calor generado se produzca por la elección incorrecta de elementos oleohidráulicos o a condiciones de trabajo inadecuadas, se debe eliminar las causas y evitar con ello el exceso de calor generado.

En el caso de que no se puedan eliminar dichas causas, debido a que se pueden producir otras, se deberá analizar los factores que influyen en la irradiación del calor y tratar de minorarlos:

1. La superficie de irradiación. Una mayor superficie de irradiación es favorable

2. La diferencia de temperaturas de la instalación y del medio ambiente circundante. Situar el depósito en un lugar más frío o más aireado es favorable también.

En algunos casos, estas soluciones tan sencillas solucionan el problema de calor generado.

Si estos cambios no solucionan el problema o no son posibles de realizar, se debe instalar un enfriador.

Este elemento disipa el calor generado en la instalación mediante contacto indirecto a través de una gran superficie del aceite caliente con otro fluido más frío (agua o aire). El aceite cede calor al fluido lo que permite disminuir la temperatura del mismo.

Una forma de elegir el refrigerador apropiado, es calcular la potencia que se disipa en calor y elegir en el catálogo del fabricante el modelo adecuado que elimina esta potencia, en las condiciones de trabajo.

En cuanto a la elección del tanque, se dan a continuación algunas premisas a tener en cuenta:

- El aceite utilizado en la instalación procede de un tanque de almacenamiento.

- El material utilizado para su construcción debe ser un buen conductor del calor para permitir la irradiación de éste.

- Este material debe ser inalterable al aceite que deba contener.

- La capacidad útil en litros del tanque será de tres a cinco veces el caudal suministrado por la bomba, expresado en litros por minuto. Como ejemplo: para bomba que suministre 50 l/min, la capacidad del depósito será de 150 a 250 litros.

- Si pueden existir sobrecalentamientos, el depósito se deberá sobredimensionar.

- Si el volumen total de los cilindros es mayor en comparación con la cilindrada de la bomba, la capacidad normal del depósito se deberá incrementar con el máximo volumen de los cilindros.

- Un depósito pequeño permitirá un sobrecalentamiento innecesario de la instalación.

- La forma usual de los tanques normalizados es un paralelepípedo rectángulo de medidas proporcionadas. Normalmente se selecciona de la gran gama existente en el mercado aunque algunas veces se dimensiona debido a tener que situarlos en lugares específicos o servir como bancada de la máquina proyectada.

- Su superficie debe ser la mayor posible para facilitar la disipación de calor, y que no exista la posibilidad de que pueda quedar bajo el nivel del aceite.

- Ser estanco para impedir la contaminación del aceite por incorporación de partículas extrañas del exterior. Debe tener tapas de registro adecuadas que permitan la limpieza interior eficiente.

- Algunos fabricantes de tanques recomiendan que el fondo tenga una inclinación suficiente que permita el sangrado de impurezas (de posos y agua). Otros, por economía, obvian dicha recomendación.

- Pintado del interior del tanque con una pintura inalterable al aceite oleohidráulico.

- Debe existir en el interior del depósito una cámara de aire de 10cm aproximadamente por encima del nivel máximo del aceite.

- Todo tanque seleccionado debe incorporar, como mínimo, los siguientes elementos:

  - Un tapón de llenado para el aceite, con su filtro correspondiente.
  - Un filtro de aire que permita la entrada y salida libre del aire que debe compensar la variación de nivel de aceite durante el funcionamiento. Este filtro será dimensionado convenientemente, para que no pueda producirse disminuciones de a presión atmosférica que dificultarían la aspiración de la bomba.
  - Comprobador del nivel de aceite, a veces incorporan termómetro.
  - Grifo o tapón de vaciado en la parte más baja, para permitir el sangrado o vaciado del aceite.

En todo circuito oleohidráulico debe colocarse una válvula de seguridad a la salida de presión de bomba. Su misión será impedir que se produzca puntas de presión de incontroladas consecuencias. Las premisas mínimas de selección de esta válvula son:

- Un caudal de paso permisible no inferior al suministro máximo de la bomba

- Una escalada de regulación apropiada para las presiones de trabajo a alcanzar.

- Una buena calidad y rápida respuesta.

Teniendo en cuenta el número de receptores que deban instalarse, sus funciones, sus gamas de esfuerzos y velocidades, las condiciones y secuencias que se pretenda conseguir, los fenómenos externos con los que hay que contar, las seguridades que hay que adoptar..., el lector comienza a tener conciencia del innumerable número de posibles circuitos, los cuales es imposible comentar en esta publicación.

El buen criterio y la experiencia del proyectista, harán que la elección de los elementos oleohidráulicos apropiados, así como su forma de combinarlos, se traduzcan en un circuito que cumpla las exigencias del trabajo con las debidas garantías.

Todos los elementos oleohidráulicos tienen que trabajar en condiciones impuestas por el fabricante.

En estas condiciones, cabe destacar como parámetros principales a tener en cuenta a la hora de la elección de elementos oleohidráulicos:

1. La presión máxima que puedan soportar los elementos seleccionados, considerando que pueden existir ciertas circunstancias no predecibles que hagan que un elemento reciba una presión superior a la que proporciona la bomba.

2. El caudal máximo que puede atravesar cada elemento, en algunas ocasiones el caudal máximo que circula por un elemento no es el caudal que suministra la bomba, caso de retroceso de cilindros.

Una vez planteada la instalación, se analizará detenidamente todas las fases de trabajo determinando en cada una de ellas las condiciones reales de funcionamiento de los diversos elementos.

Al introducir un nuevo elemento en la instalación, es necesario analizar de nuevo todos los movimientos del circuito para determinar las variantes de funcionamiento producidas.

IMPORTANTE. Todo circuito oleohidráulico debe tener una posición de libre descarga al depósito. Se define esta posición como aquella en que el aceite tiene que volver al depósito sin haber alcanzado presión con la bomba girando, mientras no trabajen los receptores.

En los circuitos de caudal abierto o cilindrada fija, existen varias posibilidades para obtener fácilmente esta posición:

1. Mediante un distribuidor cuya posición central permita la comunicación libre de bomba con el depósito.

2. Mediante la obtención de una descarga a través de la válvula de seguridad descomprimiendo a través de la línea denominada "venting'a dicha válvula.

3. Mediante la utilización de una válvula de puesta en vacío en algunos circuitos.

Es obvio que en los circuitos de caudal cerrado o cilindrada variable, las propias bombas con sus diferentes mandos ya incorporan este mecanismo en los casos necesarios.

Otro de los casos frecuentes en oleohidráulica es la obtención de una variación de velocidad por medio de un "regulador de caudal". Este elemento debe seleccionarse según las prestaciones que quieran obtenerse y sus características propias de fabricación. Por ejemplo, en el caso de que la velocidad deba ser uniforme aún con variaciones de esfuerzos y/o temperaturas el regulador de caudal seleccionado será del tipo compensado para que su actuación no se vea influenciada.

En las instalaciones con cargas suspendidas no es admisible por normativa que la rotura de tuberías o tubos flexibles, provoque la caída de la carga. Es obligatorio instalar dispositivos de seguridad adecuados para evitar esta situación. La solución más común es intercalar "válvulas de retención pilotadas"lo más cercanas posibles al elemento receptor que sostiene la carga.

En las instalaciones donde en las que el receptor pueda desplazarse por fuerzas externas y no por la presión de la bomba actuando directamente sobre él, es necesario intercalar los dispositivos de control de desplazamiento adecuados, las más utilizadas son las "válvulas de aceleración y frenado".

En los casos de que un cilindro actúe como multiplicador de presión, y la presión pudiera alcanzar valores no admisibles, la solución más empleada es intercalar una válvula de seguridad.

Se ha descrito someramente el procedimiento general de selección de elementos, existen múltiples casos y la complejidad puede llegar a ser enorme. Únicamente el estudio pormenorizado de la instalación proyectada por la persona adecuada puede dar la solución más idónea en cada caso.

Las tuberías que se emplean en este tipo de instalaciones deben cumplir unas premisas:

- Sus diámetros interiores serán suficientes para que el aceite circule a la velocidad adecuada que, a su vez, depende de la presión.

- La tubería rígida a utilizar será de acero estirado sin soldadura decapada interiormente.

- Velocidades del aceite recomendadas:

  1. Si la bomba aspira directamente del tanque: 0.6 a 0.8 m/s en la tubería de aspiración.

  2. Si la bomba principal está alimentada por otra: 1 a 2 m/s en la tubería de aspiración.

  3. En las tuberías de presión: de 3 a 5 m/s de forma orientativa, ya que la velocidad del aceite depende del valor de esta presión. Esta velocidad puede ser algo mayor, en el caso de que la presión fuese alta.

  4. En las tuberías de retorno: 1 a 2 m/s.

A pesar de que la instalación se proyecte de forma racional y los elementos elegidos sean los adecuados según las anteriores premisas, a veces se producen averías.

Las causas de estas averías son muy difíciles de localizar sobre un esquema del circuito oleohidráulico debido a que son motivadas por unas defectuosas condiciones de instalación. Estas condiciones se pueden evitar, de forma sencilla, en la mayoría de los casos.

En el capítulo 8 se describirán de forma minuciosa las averías más comunes, sus posibles causas y las formas de evitarlas.

A la hora de seleccionar un sistema de filtrado adecuado para la instalación en proyecto deben tenerse en cuenta las siguientes premisas:

- El aceite se contamina por el desgaste propio de los componentes del sistema, partículas desprendidas de las tuberías al paso del aceite. . . a pesar de que el tanque sea hermético. Si se consigue ir eliminando estas partículas adecuadamente, el índice de contaminación del aceite queda en un nivel que no perjudica a la bomba. Este es el fin de la selección de los filtros pertinentes.

- La luz de la malla del filtro debe tener la medida que no permita el paso de las partículas perjudiciales. El grado de filtración es específico del tipo de bomba y de los receptores a intercalar en la instalación. Normalmente, lo suministra el constructor y es válido a todos los efectos siempre que la zona de influencia circundante no tenga condiciones extremas.

- Un filtro de esta malla si se sitúa en la aspiración de la bomba, puede provocar una resistencia elevada al paso del aceite. Esta resistencia debería ser vencida por la aspiración de la bomba con el consiguiente peligro de "cavitación". Este fenómeno provoca pequeñas explosiones muy potentes debidas a gases sometidas a presiones elevadas en las que acelera el desgaste de los elementos móviles de los impulsores o de los receptores. Se detecta por el elevado ruido de explosiones localizadas en puntos determinados.

- En ocasiones, el filtro se intercala en la salida de presión de la bomba. Por tanto, este filtro debe soportar la presión que existirá en esa línea, retiene las partículas que hayan circulado por la bomba. Su inconveniente es que son los más caros.

- Otro sistema de filtrado muy eficaz es instalar un circuito secundario con bomba auxiliar cuya función principal es aspirar aceite del depósito, filtrarlo y retornarlo. El inconveniente es que la bomba principal recibe el aceite tan contaminado como la bomba auxiliar.

- En los circuitos de caudal abierto, el filtro se sitúa en la descarga del circuito al depósito. En este caso, la resistencia al paso del aceite es vencida por la presión de la bomba y la presión en la línea de retorno es de valores muy pequeños. De esta forma el aceite, después de haber circulado por el sistema, es filtrado antes de llegar al depósito, y en estas condiciones es admitido por la bomba.

- Es recomendable, y se hace en la mayoría de los circuitos revisados por los autores, instalar el filtro de retorno descrito anteriormente e intercalar otro filtro en la aspiración de la bomba para impedir que elementos extraños dificulten la aspiración de la bomba, por ejemplo algún trapo o cuerpo extraño. Este filtro no requiere una malla tupida porque dificultaría la aspiración. Este filtro debe colocarse a una altura sobre el fondo del depósito, para que garantice que no aspirará los posos depositados sobre dicho fondo pero nunca a una altura que permita la aspiración de aire.

- Todos los filtros seleccionados deben tener una capacidad de paso mínima del doble del caudal real que pasará por ellos. Esto se debe a que va disminuyendo su capacidad de paso con el tiempo de funcionamiento debido a la retención de las partículas por lo que es necesario dejar un cierto margen para prolongar el tiempo entre limpiezas.

- Se aconseja que el filtro a instalar sea magnético, de esta forma retendrá con mayor facilidad las partículas férricas procedentes del desgaste de la instalación.

- Los filtros deben situarse en lugares de fácil acceso para su desmontaje y sustitución en su caso, en caso contrario existe el peligro de que el filtro no sea limpiado o cambiado a su debido tiempo. Si esto ocurre puede llegar a romperse, por hallarse obstruido, y dejar circular trozos de él mismo, como toda la suciedad acumulada.

Referente a las puntas de presión y golpes de ariete que pueden aparecer en uno de estos circuitos indicar que se producen en muchos circuitos. Estas puntas de presión pueden tener una duración de fracciones muy pequeñas de segundo por lo que los manómetros no las pueden registrar, pero existen, y sus efectos se hacen notar en los elementos que las reciben (particularmente en las bombas), los cuales acusan síntomas de altas presiones a pesar de no haberse podido detectar en los manómetros.

Los motivos de estos fenómenos son muy diversos, a continuación se detallan los más comunes:

1. Válvulas de seguridad de respuesta lenta

2. Distancia excesiva entre bomba y válvula de seguridad

3. Cierre o apertura brusca de distribuidores en determinados casos

4. Cambios del sentido de circulación del aceite repentinos.

La solución correcta es evitar estos fenómenos pero en el caso de no ser evitables, deben contrarrestarse intercalando válvulas amortiguadoras, acumuladores ... En la selección de los motores deben recordar las siguientes premisas:

- Estos elementos son de construcción muy similar a las bombas.

- Su trabajo es un esfuerzo de rotación transmitido por el eje. Las partículas contaminadoras del aceite lo dañan igualmente, pero habiendo previsto el sistema de filtrado en el circuito, ya queda solucionado dicho problema para estos elementos.

- Por su tipo de trabajo, los motores no aspiran normalmente. Sin embargo, en algunos circuitos puede que algún motor tenga que aspirar (en un circuito en el que un motor no girase, en determinados momentos, por la acción del aceite a presión sino arrastrado por la acción de otro motor). En estos casos hay que prever que durante el giro en estas condiciones el motor debe recibir y evacuar el aceite necesario, y entonces debe considerarse el problema como si se tratase de una bomba, igualmente puede ocurrir si el motor es arrastrado por un esfuerzo exterior (por la inercia de la masa que arrastra).

- El par no es función de la presión que reciba el motor, sino de la diferencia de presiones entre la existente en la entrada y la existente en la salida, por consiguiente debe tenerse en cuenta que cualquier restricción en su descarga hará disminuir proporcionalmente el par desarrollado.

En la selección de los cilindros se deben tener en cuenta las siguientes premisas para su correcta aplicación:

- El esfuerzo no es exactamente función única de la presión del aceite que se le hace llegar a una de sus cámaras, sino función de la diferencia de presiones entre una y otra cámara, por tanto, cualquier presión en la descarga hará disminuir proporcionalmente el esfuerzo, como ocurría con los motores oleohidráulicos.

- Para su cálculo debe tenerse en cuenta si su trabajo es a tracción o a compresión, y verificar si las dimensiones del vástago del cilindro puede soportar los esfuerzos a que se le van a someter.

- Para un correcto montaje, se debe evitar que el vástago reciba esfuerzos radiales debido a desalineaciones.

- En el caso de que sea necesario utilizar un cilindro de doble efecto como si fuera de simple efecto, la cámara que recibirá la presión deberá estar conectada al depósito con la conducción adecuada, de forma que esta cámara pueda aspirar y expulsar el aceite suficiente para que siempre esté llena o puede tener problemas de desplazamiento o de gripado.

A la hora de seleccionar una válvula de seguridad entre la multitud de existentes en el mercado, se debe tener en cuenta que dicha válvula tiene una gran importancia por el hecho de proteger el circuito oleohidráulico contra incrementos excesivos de presión y las principales premisas a tener en cuenta son:

- Si existe la posibilidad de que la instalación no sea controlada en todo momento por personal responsable y algún operario puede manipular dicha válvula a un valor superior al permisible se aconseja tararla y/o precintarla.

- Si la presión debe ser regulada a distancia puede precintarse la válvula de seguridad y conectarla a su mando a distancia, esto permite que el operador pueda disminuir la presión pero nunca incrementarla por encima del tarado de la válvula principal

- Colocación muy próxima a la boca de salida de bomba, evitando curvas pronunciadas, codos, estrangulamientos, etc., entre la bomba y dicha válvula.

- Descarga conectada libremente al depósito y debidamente dimensionada. Hay que tener en cuenta que si su descarga se producen contrapresiones, a veces motivadas por descargas de otros sectores del circuito, el valor de su regulación se puede ver seriamente afectado.

- Imposibilidad absoluta de que la comunicación entre la bomba y esta válvula pueda quedar bloqueada o restringida.

Hasta este instante, el lector habrá observado la existencia de una gran cantidad de elementos oleohidráulicos por lo que para los autores es imposible resumir todas las normas que deben conocer.

Se recomienda que lean las especificaciones técnicas específicas de cada elemento existentes en los catálogos de cada fabricante así como sus recomendaciones de montaje. Al final, ellos son los que mejor conocen cada producto. En caso de dudas se debe solicitar asesoramiento a los suministradores de los componentes.

La gran mayoría de las dudas técnicas pueden solucionarse mediante:

- Estudio pormenorizado de las funciones del elemento a considerar

- Estudio pormenorizado de las características de la instalación.

Siempre deben intercalarse en la instalación aparatos de lectura suficientes para la toma de datos en cualquier instante y conocer las condiciones de trabajo.

Se recomienda:

- Instalar un manómetro cerca de la salida de presión de la bomba que indique la su presión de trabajo.

- Instalar manómetros en cada una de las válvulas reguladoras de presión del circuito para comprobar el comportamiento de aquellas.

- Instalar manómetros en los elementos receptores para verificar la verdadera presión de trabajo de estos.

- Instalar un manómetro para poder leer la presión existente en la descarga.

- Todos los manómetros deben ser en baños de glicerina, protegidos por grifos o pulsadores de cierre y la presión máxima que deben medir es aproximadamente los dos tercios del valor máximo de su escala.

A veces se colocan otros aparatos de medición para el caudal o su temperatura, o incluso alarmas o captadores de desplazamiento. Su elección dependerá de la importancia que pueda tener la medición de estos parámetros en un determinado circuito.

En este capítulo se ha descrito de forma breve el procedimiento general de selección de los elementos necesarios que componen un circuito oleohidráulico estándar. A continuación, se describirán la simbología de los elementos más importantes que forman estos circuitos para poder profundizar en su funcionamiento cara a su correcta utilización y selección en cada caso concreto.

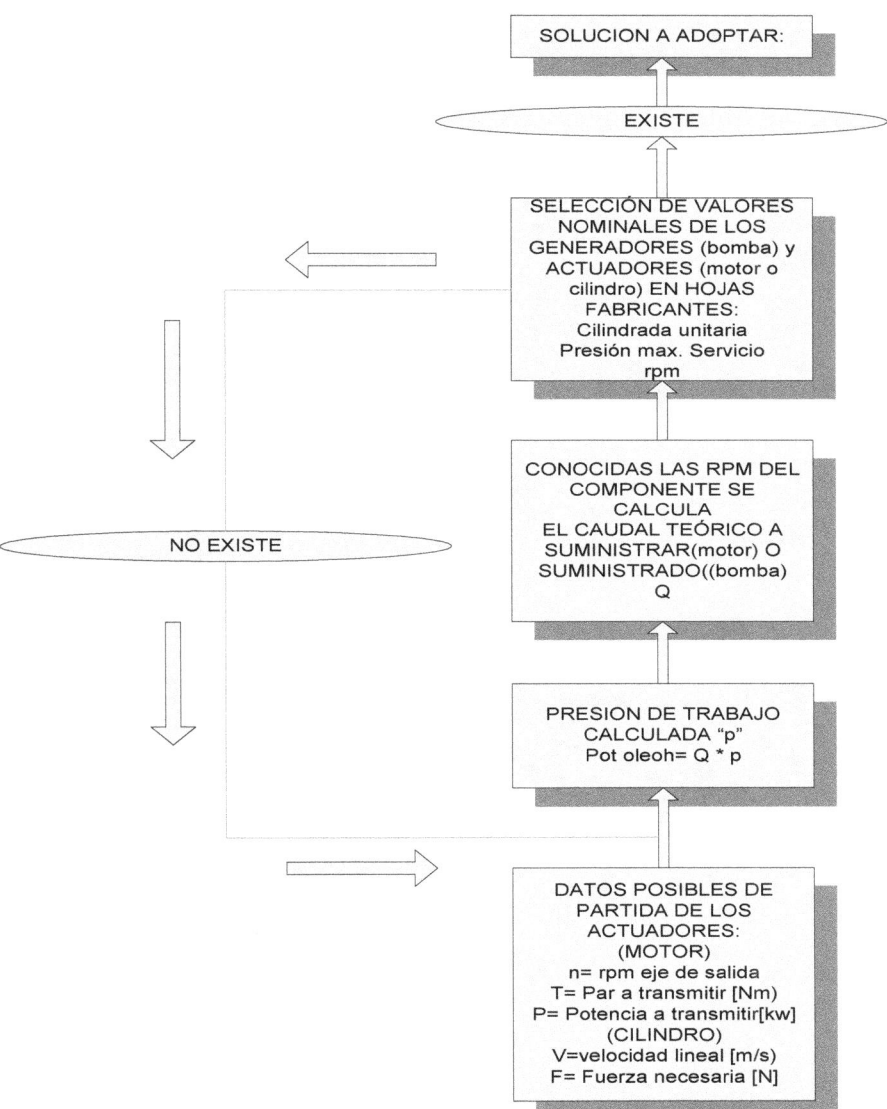

Figura 4.20: Diagrama esquemático de selección de los principales componentes.

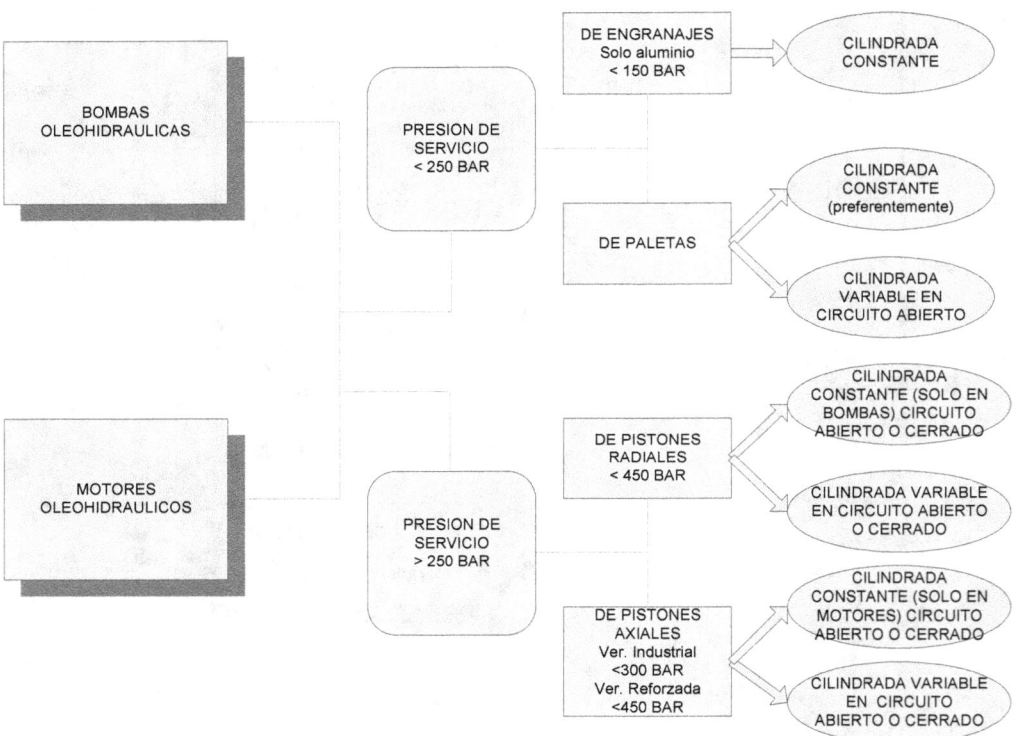

Figura 4.21: Cuadro resumen selección motor y/o bomba para una instalación

5

Símbolos oleohidráulicos más comunes

5.1 Introducción

Para conseguir una visión general de un sistema o circuito se precisa un método para representarlo, es decir un dibujo o diagrama en el que aparezcan todos y cada uno de sus componentes, así como las conexiones y líneas que los enlazan entre si. Cuando este esquema esta bien realizado se puede fácilmente comprender el funcionamiento del conjunto sin necesidad de una memoria explicativa del mismo.

Para facilitar la comprensión de un esquema se representan los elementos que lo componen por medio de unos símbolos normalizados que vamos a conocer a continuación.

Los símbolos de los componentes representan esquemáticamente su funcionamiento interno y su sistema de control o regulación, ya que externamente se parecen entre sí.

En toda Europa se utilizan las mismas normas, aunque en países como Gran Bretaña cambia, aunque no de manera considerable.

Las normas de representación con las que trabajan los europeos son las CETOP (Comité Europeene des Transmissions Oleohydrauliques et Pneumatiques) y las normas ISO (International Standard Organisation).

En la representación de esquemas oleohidráulicos además de los símbolos normalizados se representan también detalles no considerados en la simbología estándar. Por ejemplo, un motor bidireccional debe tener siempre un drenaje externo, que no viene representado en la simbología, pero se debe incorporar en el esquema para mejor comprensión del mismo por parte del montador.

Los componentes de un circuito oleohidráulico se esquematizan en un croquis del circuito mediante un símbolo; al ser diversas las opciones de montaje o de construcción que se pueden dar, es necesario acompañar con el croquis una memoria explicativa de componentes.

A la hora de trazar el croquis es importante tener en cuenta que fabricantes de elementos se van a utilizar y que tipo de catalogo, siempre se debe comprobar la simbología utilizada por los mismos.

5.2 Simbología

5.2.1 Bombas

- Bombas simples de cilindrada constante
    1. Con un sentido de giro y del fluido.
    2. Con dos sentidos de giro y del fluido.

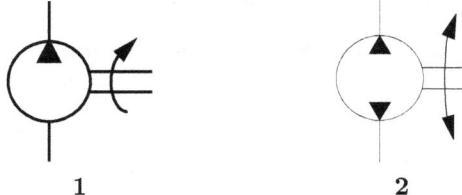

- Bombas dobles de cilindrada constante
    1. De dos caudales de igual cilindrada.
    2. Caudales de distinta cilindrada.

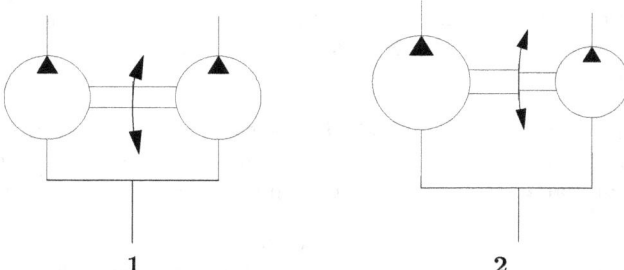

- Bombas triples de cilindrada constante
    1. De tres caudales de distinta cilindrada.

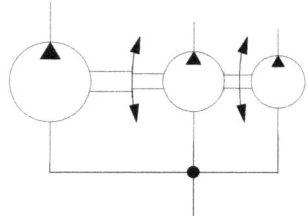

- Bombas de cilindrada variable.

    1. Con un sentido de giro y del fluido.
    2. Con dos sentidos de giro y del fluido

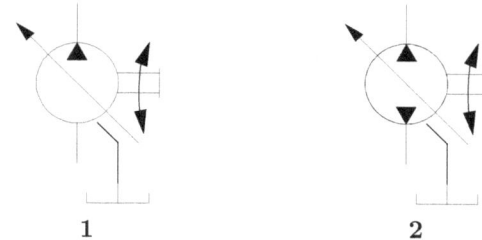

- Bombas de cilindrada variable con presión compensada.

    1. Con un sentido de giro y del fluido.
    2. Con dos sentidos de giro y del fluido.

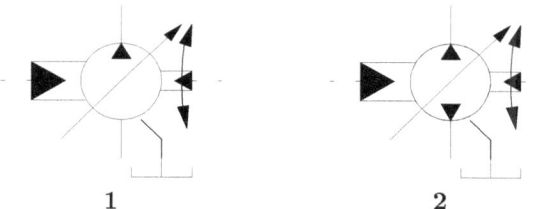

5.2.2 Cilindros

- Simple efecto

  La presión del fluido ejerce la fuerza hacia delante. El retroceso es por fuerza externa no especificada en el primero y por muelle en el segundo.

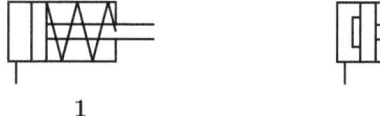

- Doble efecto

  La presión del fluido ejerce la fuerza alternativamente en ambos sentidos.

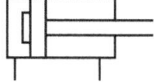

- Doble efecto con doble vástago.

  La presión del fluido ejerce la fuerza alternativamente en ambos sentidos.

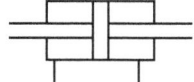

- Diferencial

  La razón entre la sección del émbolo (lado opuesto al vástago) y la sección anular (lado vástago) determina la función del cilindro

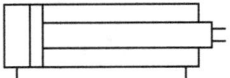

- Doble efecto con amortiguador

  1. Con amortiguación simple y fija
  2. Con amortiguación doble y fija
  3. Con amortiguación doble y regulable (existen también con simple y regulable)

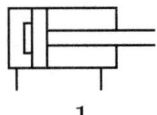 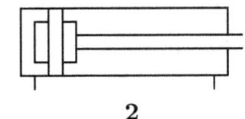 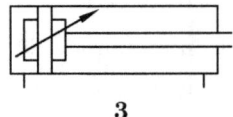

1   2   3

- Multiplicador de presión

  La relación de secciones entre los émbolos es proporcional a la relación de presiones entre la entrada y la salida del cilindro.

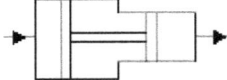

5.2.3 Motores

- Motores de cilindrada constante

  1. Con un sentido de giro.
  2. Con dos sentidos de giro.

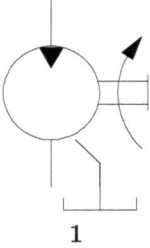 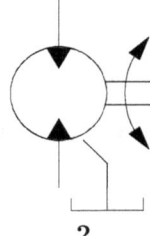

1   2

- Motores de cilindrada variable

  1. Con un sentido de giro.
  2. Con dos sentidos de giro.

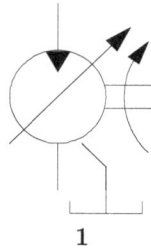 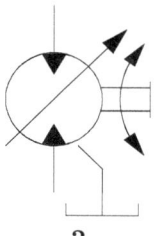

1   2

- Motor-bomba de cilindrada constante.
  1. Sin cambiar la dirección del fluido, actúa como motor o como bomba de cilindrada fija.
  2. Igual a la 1 pero en las dos direcciones del fluido de forma independiente.

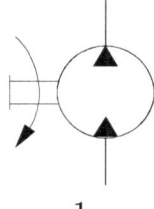 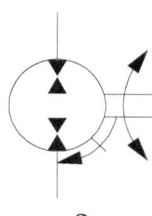

1   2

- Motor oscilante.

  Motor con ángulo de rotación limitado.

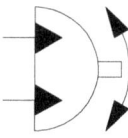

5.2.4 Lineas

- Línea de conducción, tubería de trabajo y descarga.

  Tubería principal que conduce el fluido a los elementos receptores de trabajo o al depósito.

  ———————

- Línea de pilotaje.

  Tubería que transporta el líquido a los mandos de los elementos oleohidráulicos.

  — — — — — —

- Línea de drenaje

  Tubería que transporta el líquido sobrante de fugas, pilotajes y descompresiones: debe conectarse siempre directamente al depósito.

- Doble línea.

  Ejes de bomba, motor, palanca o vástago.

- Conjunto.

  Límite externo de un bloque de válvulas o equipos complejos (bombas o motores).

- Tubería flexible o latiguillos.

  Para empalmes en elementos móviles.

- Unión de tuberías.

- Cruce de tuberías sin unión.

  1. Representación tolerada.
  2. Representación aconsejable.

- Tuberías de descarga

  1. Por encima del nivel del aceite.
  2. Por debajo del nivel del aceite.

  1   2

5.2.5 Mandos

- Mandos mecánicos

    1. Por émbolo.
    2. Por resorte.
    3. Por leva.

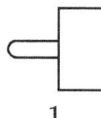  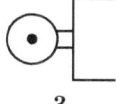

1   2   3

- Mandos manuales y por pedal
    1. General.
    2. Por pulsador.
    3. Por palanca.
    4. Por pedal.

 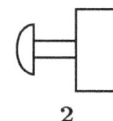  

1   2   3   4

- Mandos eléctricos
    1. Por electroimán un enrollamiento.
    2. Por electroimán dos enrollamientos.
    3. Por motor eléctrico.

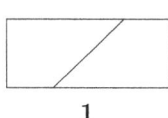 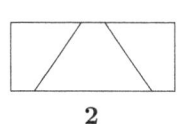 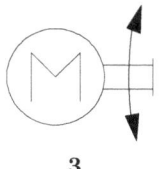

1   2   3

- Mandos combinados eléctricos y oleohidráulico.
    1. Por electroimán y distribuidor piloto.
    2. Por electroimán o distribuidor piloto.

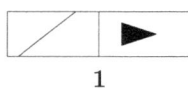 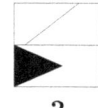

1   2

5.2.6 Válvulas

- Recuadros múltiples.

  En general mecanismo con una o varias vías y tantas posiciones como recuadros tenga.

  1. Una posición.
  2. Dos posiciones.
  3. Tres posiciones.

   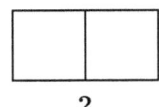   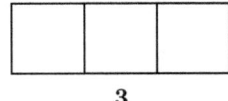

  1   2   3

- Posiciones intermedias.

  Distribuidor de 4 vías y 3 posiciones. Los recuadros rayados indican intermedios, no estables, al pasar de una posición a otra.

- Vías.

  En general, los recuadros que tengan líneas en su interior.

  1. Un paso.
  2. Dos pasos, en paralelo y entrecruzados.
  3. Dos vías cerradas.
  4. Dos pasos interconectados.
  5. Dos vías cerradas y dos interconectadas por bypass.

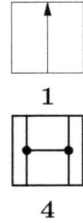   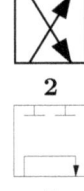   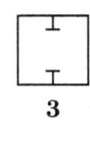

  1   2   3

  4   5

- Distribuidor 4/2, mando eléctrico y centraje por muelles.

  Distribuidor de 4 vías y con 2 posiciones determinadas. En reposo A->T; P y B cerradas.

- Distribuidor 4/2 mando eléctrico y desplazado por muelles.

  Distribuidor de 4 vías y con 2 posiciones determinadas. En reposo P->A y B->T.

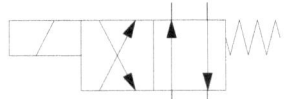

- Distribuidor 4/3 mando eléctrico y centraje por muelles.

  Distribuidor de 4 vías y con 3 posiciones determinadas. En reposo P->A->B->T

- Distribuidor 4/3 mando de palanca y posiciones estables.

  Distribuidor 4 vías y con 3 posiciones determinadas. En reposo P->A->B; T cerrada.

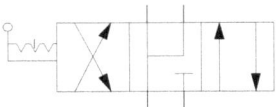

- Distribuidor 4/3 pilotaje oleohidráulico y centrado por muelles

  Distribuidor de 4 vías y con 3 posiciones determinadas. En reposo P->A->T; B cerrada.

- Distribuidor 4/3 pilotaje oleohidráulico y centraje por presión

  Distribuidor de 4 vías y con 3 posiciones determinadas. En reposo P->B->T; A cerrada.

- Distribuidor 4/3 pilotaje oleohidráulico centraje por muelles y gobernado por otro con mando eléctrico.

  1. Distribuidor de 4 vías y con 3 posiciones determinadas. En reposo A, P, B y T cerradas.

  2. Representación simplificada.

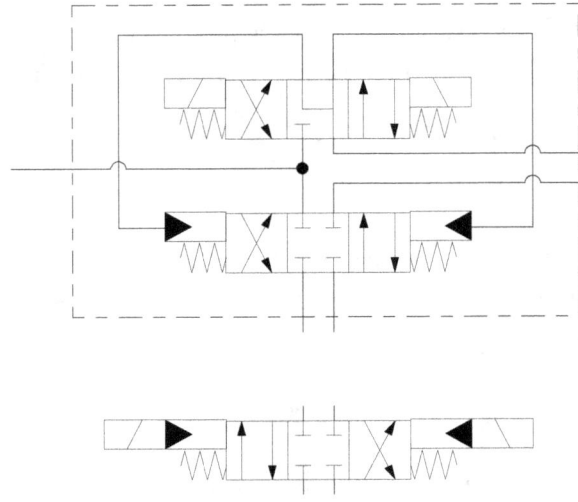

- Distribuidor 4/3 pilotaje y centraje oleohidráulico y gobernado por otro con mando eléctrico.

  1. Distribuidor de 4 vías y con 3 posiciones determinadas. En reposo A->B->T; P cerrada.

  2. Representación simplificada.

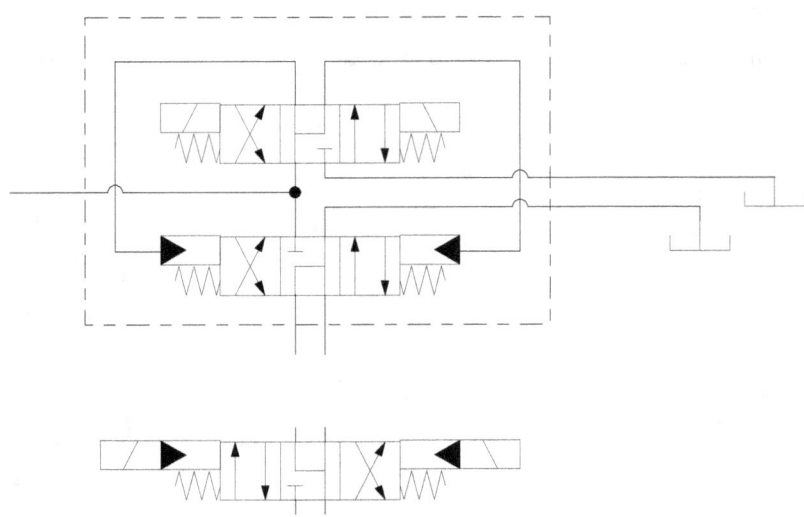

- Distribuidor 4/3 pilotaje oleohidráulico sin centraje y gobernado por otro con mando eléctrico.

    1. Distribuidor de 4 vías y con 3 posiciones determinadas. En reposo P->A->B->T.
    2. Representación simplificada.

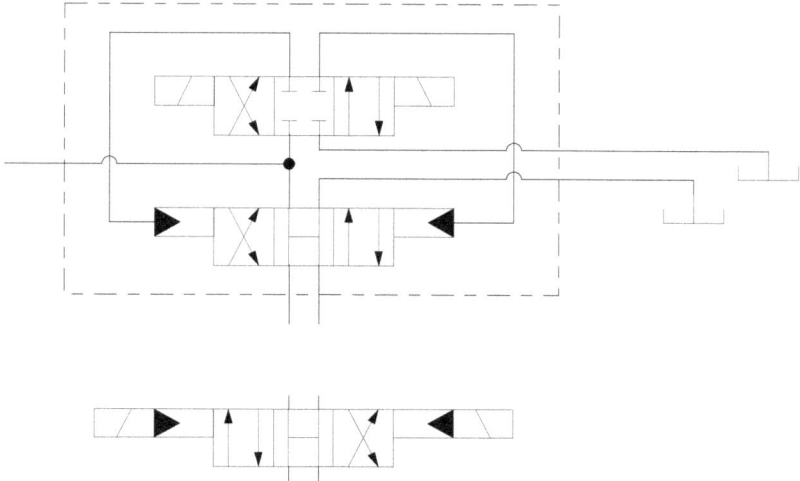

- Válvula de retención o antiretorno
    1. Sin taraje.
    2. Con taraje.

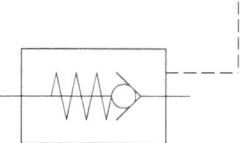

- Válvula de retención pilotada

  El fluido pasa libre de B->A y queda bloqueado en el sentido contrario mientras no actúe el pilotaje (X).

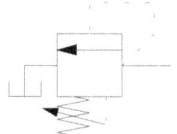

- Válvula de seguridad

  Esta válvula impide que la presión sobrepase el valor permisible en el sector donde va conectada. La vía (V) se utiliza para mando a distancia.

- Válvula de puesta en vacío.

  Igual que la de seguridad pero además se pone en descarga cuando recibe en la vía (X) una presión superior a la de su tarado.

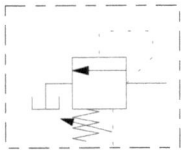

- Válvula de secuencia.

  Esta válvula permanece cerrada hasta que la presión en la vía de entrada supere el valor de su tarado en cuyo momento abre el paso permitiendo alcanzar presión en la vía de salida. El drenaje ha de ser externo.

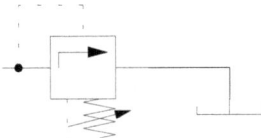

- Válvula reductora de presión

  Esta válvula impide que en su salida la presión alcance un valor superior al previsto con independencia del valor que pueda alcanzar la presión en la entrada.

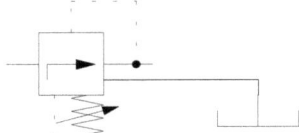

- Válvula de control a distancia

  Válvula limitadora de presión, acción directa, de pequeño caudal, usado normalmente para regular a distancia otra de mayor caudal.

- Válvula de contrapresión (deceleración y frenado).

  Esta válvula impide el desplazamiento y las aceleraciones que puedan provocarse en los receptores por fuerzas ajenas al sistema oleohidráulico.

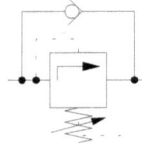

- Regulador de caudal compensado 2 vías
    1. El caudal es mantenido sensiblemente independiente de la presión.
    2. Igual que el 1 pero con antirretorno en by-pass.

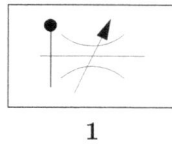

1

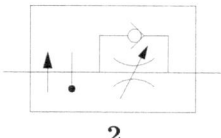

2

- Regulador de caudal compensado 3 vías
    1. Es igual que el de dos vías pero con una tercera que evacua el caudal sobrante.
    2. Igual que el 1 pero con antiretorno en bypass.

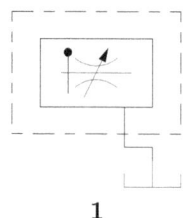

1

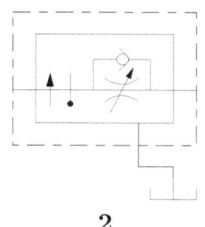

2

- Regulador de caudal no compensado.
    1. Regula el caudal en ambos sentidos (B->A) o (A->B).
    2. Regula el caudal en un solo sentido (B->A) permitiendo el paso libre en el sentido contrario (A->B).

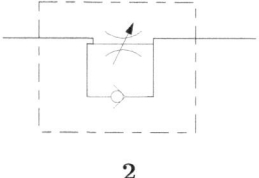

2

5.2.7 Servoválvulas

- Servoválvula electrohidráulica a una fase

    Las amplificaciones de las señales eléctricas progresivamente variables transforman la potencia oleohidráulica sin pilotaje.

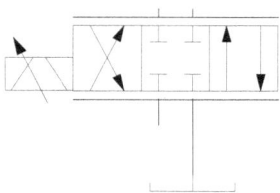

- Servoválvula electrohidráulica a dos fases.

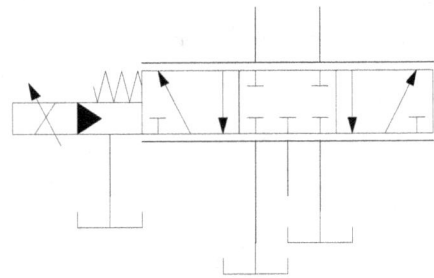

- Servoválvula electrohidráulica a dos fases.

  Igual que la anterior pero con pilotaje y realimentación oleohidráulica.

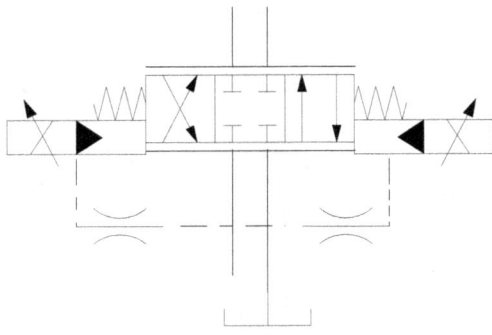

5.2.8 Varios

- Depósito de aceite.
    1. Depósito de aceite atmosférico.
    2. Depósito de aire presurizado.

- Filtros
    1. Filtro de aspiración
    2. Filtro de retorno con antiretorno en by-pass.

- Intercambiadores de calor

  1. Calentador
  2. Refrigerador
  3. Como refrigerador o calentador

Las flechas con las puntas hacia el centro indican la entrada de calor y hacia el exterior expulsión de calor.

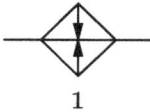 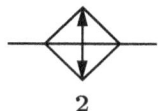 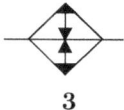

1   2   3

- Acumulador

Elemento destinado a acumular energía oleohidráulica comprimiendo para ello un elemento elástico, muelle, aire, nitrógeno, etc.

- Presostato.

Elemento previsto de contactos eléctricos los cuales son accionados mediante presión.

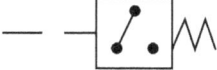

- Medidor de caudal.

- Manómetro y termómetro.

  1. Manómetro.
  2. Termómetro.

1   2

- Estrangulamiento
    1. Influenciado por la viscosidad.
    2. No influenciado por la viscosidad.

1   2

- Flechas.
    1. Rotación de un sentido.
    2. Rotación en ambos sentidos.

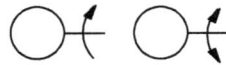

- Flechas inclinadas.
  Elemento de control variable.

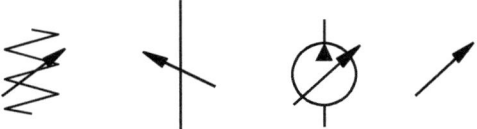

- Tapón Obturación en el orificio de un elemento o en una tubería.

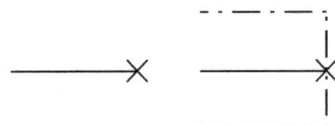

- Toma de manómetro
  Toma eventual de manómetro, presostato u otros elementos de control.

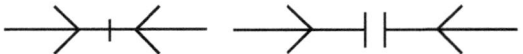

- Transmisores de energía.
    1. Fuente de presión.
    2. Motor eléctrico.
    3. Motor térmico.

1   2   3

6

Mantenimiento de sistemas oleohidráulicos

6.1 Introducción

La inversión que representa el estudio y aplicación de un adecuado mantenimiento preventivo, queda ampliamente compensado con la disminución de las horas de paro por avería y por una duración más prolongada de la instalación.

En el momento de estudiar unas normas para la implantación de un mantenimiento en una instalación oleohidráulica, es necesario considerar las recomendaciones que facilita el constructor de la instalación. Así mismo, y a título general, pueden observarse las mencionadas en este capítulo. Independientemente del tipo de control es también muy importante su frecuencia de aplicación, pues si estos controles se realizan en espacios de tiempos adecuados se podrá observar y corregir toda pequeña irregularidad que puede ser el inicio de una avería.

El anotar los distintos controles en unas fichas o libro de mantenimiento, siempre será de gran ayuda en el momento de comprobar el sobrecoste que ha sido necesario realizar en la instalación en un determinado periodo de tiempo, como asimismo si en algún punto determinado ha sido necesario prestar una mayor asistencia de la que estaba prevista, lo cual debe ser objeto de una inspección minuciosa con el fin de localizar la causa que ha motivado este mayor coste.

Debido al gran número de controles que pueden realizarse y los cuales dependen directamente del tipo de instalación, en este capítulo solamente se relacionan los de uso general y que normalmente son aplicados en toda instalación.

6.2 Control de aceite

6.2.1 Niveles

Se controlará periódicamente que el nivel de aceite en el depósito se mantenga dentro de los límites establecidos. Si en algún momento se observa que el aceite está por debajo del nivel mínimo, se procederá a parar la instalación, reponiendo el aceite que sea necesario, pero del mismo tipo que el contenido en el depósito.

6.2.2 Temperatura

Se deberá controlar con la frecuencia necesaria la temperatura que alcanza el aceite durante el proceso de producción, no debiendo admitir en ningún caso trabajar con una temperatura fuera de la recomendada (generalmente de 0 a 80°C). En caso de una excesiva elevación de temperatura, se procederá a parar la instalación y se buscará la causa que produce esta anomalía.

6.2.3 Aspecto

Cuando en el interior del depósito se observe una capa de espuma, ello indicará la introducción de aire en el aceite. Si se observan manchas en el aceite o un estado lechoso, esto será motivado por la presencia de agua en el aceite. En el primer caso, deberá localizarse por donde se produce la filtración de aire, procediendo a estancarla. En el segundo caso, deberá localizarse la anomalía y repararla, procediendo posteriormente a cambiar el aceite y limpiar convenientemente el circuito antes de introducir aceite nuevo.

6.2.4 Características

Es sabido la importancia que tiene en un circuito oleohidráulico que el aceite trabaje conservando todas sus características, con el fin de obtener un buen rendimiento en la instalación y una vida más prolongada en los elementos, el control más eficaz es el de realizar periódicamente unos análisis del aceite en servicio, por medio de los cuales se podrá valorar con exactitud el estado del mismo, y de esta forma se obrará con conocimiento de causa a la hora de determinar si el aceite debe seguir trabajando o por el contrario debe sustituirse. La muestra de aceite para analizar debe ser tomada inmediatamente después de algunas horas de trabajo.

6.2.5 Cambio de aceite

Una vez el resultado del análisis del aceite recomienda su sustitución, se procederá de la siguiente forma:

1. Descomprimir el circuito.

2. Vaciar completamente todo el aceite contenido en el sistema.

3. Verificar y limpiar filtros, sustituyendo las piezas defectuosas o dañadas.

4. Limpiar el depósito.

5. Abrir las válvulas limitadoras de caudal, presión y los tornillos o grifos de purga.

6. Llenar nuevamente el depósito de aceite a través de un tamiz o filtro de 10 micrones hasta alcanzar el nivel máximo. Utilizar aceite nuevo y de iguales características que el anterior.

7. Si hubiesen acumuladores en la instalación se procederá a una verificación de la presión de hinchado.

8. Poner en marcha la bomba a la presión más baja posible pero suficiente para llenar la instalación, vigilando que en todo momento el aceite se mantenga dentro de los niveles fijados.

9. Purgar el circuito hasta comprobar que el aceite fluya de una manera continua y sin burbujas.

10. Aumentar la presión del sistema hasta alcanzar la presión de trabajo, controlando que los ciclos de trabajo sean efectuados sin irregularidades, que el aceite se mantenga

dentro de la temperatura y niveles establecidos, que no existan ruidos extraños, etc. Cuando todos estos controles sean correctos se dan por finalizada la operación de cambio de aceite y a partir de este momento se aplica en la instalación las normas de mantenimiento establecidas.

6.3 Control de suciedad

6.3.1 Parte externa de la instalación

La suciedad en los sistemas oleohidráulicos es una de los principales causantes de averías en los elementos, la penetración de esta suciedad en el interior del circuito, muchas veces se debe a un descuido de limpieza en el exterior de la instalación.

6.3.2 Tapón de llenado

Con el fin de evitar la obstrucción de este elemento, que puede tener graves consecuencias, debe limpiarse convenientemente con la asiduidad que exija el tipo de instalación, medio ambiente, etc.

6.3.3 Filtro de aspiración

Periódicamente deberá procederse a limpiar este elemento, la frecuencia con que debe someterse el filtro a este control dependerá del lugar de trabajo, tipo de circuito, horas de funcionamiento, etc. Debido a que estos elementos se encuentran normalmente alojados en el interior del depósito y no son fácilmente accesibles, se recomienda instalar en la tubería de aspiración un vacuómetro que indicará la dificultad de aspiración de la bomba probablemente debida a suciedad acumulada en la malla del filtro. Si el filtro tuviese indicador propio (indicador de colmataje) solamente debe vigilarse su lectura.

6.3.4 Filtro de retorno

Dado que este elemento juega un papel muy importante en la prevención contra la contaminación del aceite, será necesario someter a estos elementos a constantes controles sobre suciedad, procediendo a limpiar o cambiar el cartucho filtrante y los separadores magnéticos tantas veces como sea necesario. Para poder facilitar estos controles, se recomienda que este elemento se instale en lugares de fácil acceso. La limpieza o el cambio se deben hacer con la frecuencia necesaria para evitar un grado de suciedad peligroso, estos periodos varían según las características de la instalación y la propia experiencia será la que marque la pauta conveniente.

Si el filtro tuviese indicador, éste marcaría el momento en que debe limpiarse o cambiarse.

6.3.5 Intercambiadores de calor

Siendo la misión de estos elementos la de mantener la temperatura del aceite dentro de unos límites recomendables, todos los controles a que se deben someter estos elementos consiste:

1. Control de suciedad.

   Periódicamente se procederá al desmontaje del elemento, eliminando todo residuo de formación calcárea que normalmente se deposita en los conductos por donde circula el agua y que obstaculiza toda acción de intercambiabilidad de calor.

2. Control de porosidad.

   En el momento en que se deba efectuar un desmontaje del elemento para su limpieza, se procederá al mismo tiempo a una verificación de porosidad y grietas como asimismo se comprobará el estado de las juntas de estanqueidad, este control deberá efectuarse muy minuciosamente con el fin de evitar que en el elemento exista alguna fuga de agua que ocasionaría la incorporación de ésta al aceite.

6.3.6 Depósito

Como mínimo una vez al año se vaciará la instalación por completo, procediendo a limpiar el depósito a la vez que se controlará que no existan zonas de corrosión, desprendimientos de pintura, grietas en las tuberías, etc. De existir alguna anomalía se buscará la causa que la produce, procediendo a su eliminación antes de introducir nuevamente el aceite en la instalación.

Esta limpieza debe hacerse de forma tal que no queden residuos de los materiales empleados en esta operación, como podrían ser, por ejemplo, hilos.

Periódicamente debe procederse a un sangrado del depósito para eli minar el agua que se haya podido incorporar procedente de la humedad del aire. Esta operación se ha de hacer después de varias horas de paro de la máquina y antes de arrancar la bomba, con el fin de dar tiempo a que el agua se deposite en el fondo del tanque.

Para ello basta con abrir la conducción de vaciado y dejar fluir el líquido hasta que el aceite salga limpio, posteriormente debe procederse a rellenar el depósito con aceite nuevo hasta alcanzar el nivel adecuado.

6.4 Control de fugas

6.4.1 Tuberías

Toda acción encaminada a mantener la estanqueidad en las distintas conexiones existentes en una instalación, repercutirá en evitar una serie de averías producidas por estas causas, las cuales, hacen que no se pueda obtener el rendimiento esperado de la instalación.

El proceso para hermetizar una fuga en una conexión, será realizado desmontando el racord correspondiente y verificando las piezas de apriete y estanqueidad de que consta, procediendo a sustituir las defectuosas. En ningún caso deberá intentarse hermetizar una fuga apretando excesivamente los racores, pues lo único que se conseguirá con ello es deteriorar el mismo.

6.4.2 Elementos

Es aconsejable que anualmente se realice un control de los elementos principales que integran un equipo oleohidráulico como son, bombas, motores, distribuidores, válvulas, cilindros, etc., se revisarán sus piezas internas sustituyendo todas aquellas que presentan un desgaste excesivo. De no tener experiencia en este tipo de inspecciones es recomendable remitir los elementos al constructor de la instalación o en su lugar a los suministradores del material oleohidráulico.

6.5 Control de presión

6.5.1 Circuito

A través de los manómetros que se han dispuesto en la instalación, se controlará diariamente las distintas presiones que se deben alcanzar en el circuito durante un ciclo de trabajo, de observarse alguna irregularidad se procederá a sustituir el manómetro por otro que se tenga la seguridad de su correcto funcionamiento, si persistiera la anomalía deberá pararse la producción y localizar donde se produce la anomalía.

En aquellos circuitos donde no es necesario un control continuo de la presión, es recomendable instalar entre el manómetro y el circuito una llave de paso apropiada, la cual se abrirá únicamente cuando se realicen los controles de presión, con el fin de evitar que el manómetro esté expuesto a las variaciones de presión que se producen en el circuito y que son motivo de un acortamiento de la vida de estos aparatos.

6.5.2 Acumuladores

Mensualmente se deberá efectuar un control de la presión del gas, con el fin de que el acumulador responda adecuadamente. Cuando se realice este control o se deba proceder a su llenado, deberá seguirse las instrucciones que facilita el constructor de la instalación o el suministrador de estos aparatos.

6.6 Controles generales

1. Periódicamente se revisará que los elementos estén bien sujetos a sus soportes o alojamientos.

2. Se controlará que en las tuberías de retorno y drenajes no exista ninguna obturación y por consiguiente el aceite circule libremente.

3. Verificar que la tensión de las electroválvulas se mantenga dentro de los límites dados por el constructor.

4. Se limpiará periódicamente los contactos, colectores, patines, etc. del sistema eléctrico, reemplazando las piezas con un excesivo desgaste.

5. Se engrasarán las partes mecánicas que estén en rozamiento con la frecuencia que requiera cada elemento o sector de la instalación.

6.7 Acondicionamiento de los elementos oleohidráulicos

1. La verificación y acondicionamiento o reparación de los elementos oleohidráulicos debe realizarse por personal especializado y si es posible por el constructor de los mismos.

2. Toda reparación de los elementos oleohidráulicos, deberá ser ejecutada utilizando piezas originales, pues sólo el constructor posee una base sólida sobre las tolerancias, material, tratamientos, etc., que cada pieza requiere, y que normalmente han sido determinadas después de largas experiencias.

6.8 Limpieza en la reparación

1. Exterior de la instalación. Antes de iniciar el desmontaje de alguna parte o elementos de la instalación, se procederá a limpiar los contornos donde debe realizar se la operación, asegurándose que no existe ningún residuo de suciedad que se pueda introducir en el circuito.

2. Elementos. En la limpieza interior de los elementos se deberán emplear cepillos, evitando los desperdicios de algodón y lana, ya que los hilos que puedan desprenderse, posiblemente afectasen al buen funcionamiento de los elementos.

3. Instalación. Si durante el tiempo que se realice el acondicionamiento de la parte dañada, hubiera alguna zona que quedara sin protección, se tomarán las medidas oportunas, con las cuales se garantice la seguridad de la instalación

6.9 Medidas de prevención

1. Presión en el sistema. Antes de proceder a la reparación de una instalación, se deberá comprobar que en todo el circuito no exista presión y que el sistema eléctrico esté desconectado.

2. Incendio. Cuando se proceda a reparar una instalación se evitará que todo foco calorífico pueda entrar en contacto con el aceite (soplete, chispeo, etc.).

3. Limpieza. Se evitará que alrededor de la instalación existan aglomeraciones de aceite, las cuales pueden producir diversos accidentes de trabajo.

7

Puesta en marcha de los equipos oleohidráulicos

7.1 Introducción

Una adecuada puesta en marcha de una instalación oleohidráulica puede evitar muchas averías, unas veces repentinas y otras a corto plazo, por esta razón, los autores basándose en su experiencia creen oportuno dar una serie de normas de fácil ejecución que contribuirán a proporcionar a los elementos oleohidráulicos una mayor duración.

En el anexo, podrán obtener una mayor información técnica sobre el mantenimiento de productos pertenecientes a las marcas comerciales colaboradoras en esta serie de publicaciones.

7.2 Descripción de la puesta en marcha

La puesta en marcha se puede considerar bajo dos aspectos distintos:

1. Control e inspección

2. Puesta en marcha y pruebas

7.2.1 Control e inspección

1. Verificar que todas las conexiones eléctricas, mecánicas, alineación de bomba, alineación de cilindro, conexiones de tuberías, etc., han sido realizadas según las instrucciones establecidas en el proyecto.

2. Comprobar que el depósito se encuentre perfectamente limpio y, si existen filtros de aspiración, que éstos estén correctamente montados.

3. Llenar el depósito con aceite completamente limpio, para lo cual se recomienda hacerlo a través de un filtro con malla de 10 micras. Asegurarse que el aceite elegido es el apropiado.

4. Aflojar todos los reguladores de presión y abrir los reguladores de caudal.

5. Si en la instalación existen acumuladores, se deberán hinchar a la presión requerida y siguiendo las instrucciones del fabricante.

6. Si existiese algún grifo en la línea de aspiración de la bomba, debe de prestarse una especial atención para que esté completamente abierto. De otra forma la bomba se averiará casi instantáneamente al no poder admitir el aceite necesario en las condiciones adecuadas.

7. En algunos tipos de bombas antes de hacerla girar se procederá a cebarla.

8. Comprobar que el sentido de giro de la bomba sea el adecuado. Esta operación puede efectuarse mediante un rápido impulso arranque paro. Es de advertir que una bomba girando en sentido contrario puede quedar completamente destrozada en breves momentos.

7.2.2 Puesta en marcha y pruebas

1. Poner en marcha la bomba teniendo la válvula de seguridad completamente floja y proceder al purgado de aire. Si el aceite fluye a través de un distribuidor de centro abierto, el aire será desalojado sin dificultad al no existir presión en el circuito. Si la descarga del aceite se efectúa a través de la válvula de seguridad, aunque prácticamente la presión pueda ser nula, el aceite debe vencer la oposición de ciertos muelles y pudiera ser que el aire no se evacuase fácilmente. En este caso debe procederse a una purga a través de los dispositivos para este fin o aflojando un racor hasta que se tenga la seguridad de que no existe aire en la bomba que puede producir el gripado de la misma.

   Si en la instalación se ha instalado un vacuómetro, debe verificarse que la depresión en la aspiración queda dentro de los límites convenientes.

2. A continuación, y después de haber dejado girar la bomba durante unos minutos, debe procederse a efectuar los movimientos de la instalación para lo cual, y si es preciso, puede aumentarse la presión al mínimo requerido para efectuar dichos movimientos. Durante estas operaciones debe procederse al purgado del sistema mediante los dispositivos instalados para el caso o aflojando los racores en los puntos más altos hasta que el aire se haya eliminado y los desplazamientos se realicen en forma continúa. Terminada esta operación se aprietan las purgas y se comprueba que no existen fugas. Asimismo debe vigilarse el nivel de aceite del depósito rellenándolo en caso necesario.

3. Aumentarla presión hasta unos 30 kg/cm2 aproximadamente haciendo algunos ciclos programados. Durante este tiempo se debe comprobar que no existen fugas ni anomalías en el sistema.

4. Aumentar la presión hasta el valor nominal de trabajo y efectuar las secuencias de la máquina observando si se producen anomalías (ruidos extraños, fugas, vibraciones, etc.

5. Transcurridas 100 horas de trabajo deben cambiarse o limpiarse los filtros y proceder a una inspección del aceite, ya que durante este tiempo éste habrá arrancado partículas de las conducciones.

6. Una vez efectuado las normas del apartado anterior puede empezar una nueva etapa de trabajo siguiendo las normas dadas en el capítulo de mantenimiento.

8

Posibles anomalías en una instalación oleohidráulica

8.1 Introducción

Las premisas dadas en este tema pueden resultar muy útiles para delimitar y subsanar las averías y sus causas.

Dada la gran cantidad de posibilidades es imposible de enumerarlas todas. A continuación se enumeran las más frecuentes en los circuitos oleohidráulicos, en cualquier caso la experiencia y las deducciones del proyectista serán las que solucionen el problema.

Es importantísimo que las reparaciones sean efectuadas por un personal técnico conocedor de la materia y de los elementos, y es de advertir la escrupulosa limpieza que debe observarse en la manipulación de las piezas de éstos.

Finalmente cabe mencionar que la mejor solución para las averías es evitarlas, de ahí la importancia de contar con el mantenimiento adecuado siempre que el proyecto y el montaje de la instalación hayan sido realizados correctamente.

Seguidamente se muestran las averías más frecuentes en los circuitos oleohidráulicos junto con sus causas y posibles soluciones.

Tabla 8.1: Averías en bombas y motores oleohidráulicos

Avería: La bomba no da caudal o sólo da parte de él	
Causa	**Solución**
Sentido de giro invertido.	Invertir el sentido de giro del motor o acondicionar la bomba para el sentido de giro correcto
Acoplamiento mal montado.	Revisar si la chaveta está colocada correctamente.
Nivel de aceite demasiado bajo.	Rellenar el depósito de aceite.
Filtro de aspiración obturado.	Desmontarlo, limpiarlo o cambiarlo.
Mal funcionamiento de la válvula situada en el tubo de aspiración.	Reparar la válvula o cambiarla.
Burbujas de aire en el circuito.	Purgar el circuito hasta eliminarlas completamente.
Entrada de aire por el tubo de aspiración.	Recordar que solo saldrá aceite por el poro en este tubo si la bomba no está en funcionamiento (aspirando), reparar desmontando el tubo. En el caso de un racord mal apretado o una junta pisada, aflojar y colocar correctamente, verificar su estanqueidad de nuevo y en caso negativo cambiar el racord o la junta en cuestión verificando de nuevo la estanqueidad del circuito.
Eje de la bomba roto.	Desmontar la bomba, cambiar el eje y comprobar la causa (sobrecargas o mala alineación).

Tabla 8.1: Averías en bombas y motores oleohidráulicos

Avería: La bomba no da caudal o sólo da parte de él	
Causa	**Solución**
Mala calidad del aceite.	Sustituir inmediatamente y averiguar la causas de su mala calidad.
Aceite demasiado frío (viscosidad muy elevada).	Hacer girar la bomba a baja presión para calentar el aceite o instalar un sistema de precalentamiento.
Bomba descebada.	Si no existe purga en el tubo de presión, aflojar un racor de este tubo y purgar la bomba).
Altura excesiva en la aspiración.	Reducir esta altura.
Velocidad excesiva de giro.	Reducir la velocidad
No actúa la presión atmosférica en el interior del depósito. (Depósito estanco).	Adaptar un respiradero o colocar un filtro de aire de capacidad suficiente.

Avería: La bomba o el motor hacen ruido.	
Causa	**Solución**
Cavitación.	Purgar la bomba. Comprobar y regular, en su caso, las válvulas de desaceleración del motor.
Entrada de aire por el tubo de aspiración	Recordar que solo saldrá aceite por el poro en este tubo si la bomba no está en funcionamiento (aspirando), reparar desmontando el tubo. En el caso de un racord mal apretado o una junta pisada, aflojar y colocar correctamente, verificar su estanqueidad de nuevo y en caso negativo cambiar el racor o la junta en cuestión verificando de nuevo la estanqueidad del circuito
Entrada de aire por el retén del eje.	Cambiar este retén.
Emulsión.	Purgar el circuito
Sistema de entrada de aire en el depósito obturado o inexistente.	Limpiar en el primer caso.Instalar una entrada de aire en el segundo caso.
Filtro pequeño u obturado.	Instalar un filtro de mayor capacidad o limpiarlo.
Diámetro del tubo de aspiración demasiado pequeño.	Colocar un tubo de diámetro mayor.

Avería: La bomba o el motor hacen ruido.

Causa	Solución
Fugas en la carcasa.	Apretar los tornillos y comprobar las fugas por las juntas existentes.
Muelle de paleta roto.	Cambiar el muelle.
Piezas defectuosas de la bomba o del motor.	Cambiar estas piezas.
Bomba o motor sometidos a esfuerzos.	Verificar la alineación y apretar los tornillos uniformemente.
Cuerpos extraños en el circuito de aspiración.	Eliminar estas partículas y limpiar el circuito.
Circuito obturado.	Limpiar el circuito, decaparlo y volverlo a limpiar.
Tubo de aspiración aplastado.	Repararlo o cambiar el tubo.
Temperatura del aceite demasiado elevada.	Verificar circuito para encontrar el motivo, normalmente si funcionaba bien inicialmente, es el refrigerador que está sucio.
Bomba de alimentación averiada.	La causa usual es la suciedad excesiva en el circuito, buscar la causa y remediarla.
Ruidos en el depósito	Cambiar la posición o la fijación del tanque, como último remedio instalar dispositivo contra ruidos.
Poros en el latiguillo existente en la aspiración de la bomba.	Cambiarlo.
Vibraciones en el circuito.	Buscar la causa y solucionarla.
Otros defectos de causa no detectable en la bomba o en el motor.	Desmontar la bomba o el motor, verificar las piezas o probar los elementos en un banco de pruebas.
Nivel de aceite demasiado bajo.	Rellenar el depósito debido a la existencia de fugas (eliminarlas anteriormente) o circuito poco lleno.
Mal funcionamiento de la válvula de aspiración.	Repararla o cambiarla.
Mala calidad del aceite.	Sustituir inmediatamente y averiguar la causas de su mala calidad.
Velocidad excesiva de giro.	Reducir la velocidad.

Avería: La bomba o el motor se calientan excesivamente.

Causa	Solución
Mala calidad del aceite.	Sustituir inmediatamente y averiguar la causas de su mala calidad.

Avería: La bomba o el motor se calientan excesivamente.

Causa	Solución
Demasiado alta velocidad del aceite del circuito.	Instalar tuberías de mayor diámetro.
Nivel de aceite demasiado bajo.	Rellenar el depósito (Fugas o circuito no lleno).
Cartucho volumétrico de la bomba o del motor gastado.	Cambiar estas piezas.
Grandes esfuerzos radiales o axiales.	Limitarlos a los máximos permisibles y verificar alineaciones
Aumento de la velocidad inicial.	Verificar la presión máxima; si es necesario cambiar el tipo de bomba (mayor caudal) e instalar la tubería correspondiente.
Refrigerador insuficiente.	Aumentar su capacidad de refrigeración
Refrigerador obstruido.	Buscar la causa y remediarla (posos, sedimentos...)
Poca diferencia entre la presión de tarado y la de trabajo.	Aumentar la presión de tarado o disminuir la de trabajo
Presión demasiado elevada.	Reducir presión
Mala elección del regulador de presión.	Sustituirlo por el adecuado
Mal funcionamiento del circuito.	Verificar el circuito y si es necesario modificarlo.
Juntas inadecuadas	Sustituirlas
Filtro obturado o pequeño.	Limpiarlo o sustituirlo
Velocidad de giro demasiado alta.	Reducir esta velocidad
Cavitación.	Verificar el cebado de la bomba y purgar el circuito
Emulsión.	Purgar el circuito
Sistema de aireación obstruido.	Limpiarlo
Circuito obstruido.	Limpiarlo y si es necesario decaparlo y volverlo a limpiar.
Tubo de aspiración aplastado.	Cambiarlo o arreglarlo
Avería en la bomba de alimentación.	Buscar la causa y remediarla
Otros defectos de la bomba o del motor.	Desmontar estos elementos, verificar las piezas o probarlos en un banco de pruebas.

Avería: La bomba no da ninguna presión.

Causa	Solución
Presión mal regulada.	Verificar la presión e incrementarla en caso necesario.
Limitador de presión atascado.	Repararlo
Defecto del circuito eléctrico (solenoides del distribuidor o contactos).	Verificar el circuito eléctrico y repararlo (excitación del distribuidor de "by-pass").
Fugas en el circuito (cilindros, válvulas, etc.)	Comprobar las juntas y sustituir las defectuosas.
Error de interpretación del circuito.	Verificar el circuito y modificarlo si es necesario.
Eje de la bomba roto o chaveta mal colocada.	Buscar la causa (¿Bomba sometida a esfuerzos?), cambiar el eje; colocar bien la chaveta.
Mala regulación de los contactos de puesta en vacío.	Modificar la regulación de los contactos.
La bomba no da caudal.	Véase 2.1
Mala calidad del aceite.	Mala calidad del aceite.
Dispositivo de arrastre defectuoso.	Reparar este dispositivo (Buscar las causas).
La correa de arrastre patina.	Regular la correa o sustituirla.
Circuito obstruido.	Limpiarlo, y si es necesario decaparlo y volverlo a limpiar.
Limpiarlo, y si es necesario decaparlo y volverlo a limpiar.	Sustituirlas.

Avería: Pérdida de velocidad del motor.

Causa	Solución
Presión de entrada muy baja.	Aumentar esta presión.
Presión de salida muy elevada.	Verificar el circuito.
Plato distribuidor no hace contacto.	Desmontar el motor y repararlo.
Piezas del motor defectuosas.	Sustituir las piezas.
Temperatura del aceite demasiado elevada.	Comprobar el circuito, revisar el intercambiador.

Avería: Control defectuoso de la velocidad.

Causa	Solución
Fugas importantes en la bomba.	Sustituir la bomba y si es necesario comprobar el caudal.

Avería: El motor oleohidráulico no funciona.

Causa	Solución
Par demasiado bajo.	Aumentar la presión.
Fugas internas o en el drenaje muy grandes.	Desmontar el motor y revisar la corredora del plato distribuidor.
Defecto de las juntas tóricas del plato distribuidor.	Colocar bien las juntas y verificar que el plato distribuidor se desplaza bien.
Caudal de la bomba insuficiente.	Reparar la bomba o sustituirla por otra de más caudal.
Motor demasiado pequeño.	Cambiarlo por un modelo mayor.

Avería: Mucho juego en el eje.

Causa	Solución
Rodamiento defectuoso.	Cambiar el rodamiento.
Excesivo esfuerzo radial o axial.	Limitar estos esfuerzos a los máximos permisibles.
Acoplamiento no equilibrado.	Equilibrarlo o cambiarlo.

Avería: Fugas en la bomba o en el motor.

Causa	Solución
Mala estanqueidad de los racores.	Comprobar y remediarlo.
Mala estanqueidad del retén.	Mala estanqueidad del retén.

Avería: Fugas en la bomba o en el motor.

Causa	Solución
Fugas en la carcasa.	Comprobar si existen y si es necesario cambiar la carcasa.
Superficies planas dañadas.	Rectificar y lapear pero se aconseja enviarla al constructor.
No hay válvula de deceleración en el circuito del motor. (Presión de frenado muy elevada).	Instalar una válvula de deceleración.

Tabla 8.10: Averías en distribuidores

Avería: Correderas agarrotadas.

Causa	Solución
Por deformación.	Aflojar los tornillos y volverlos a apretar uniformemente (Verificar la plenitud de las superficies de apoyo del distribuidor).
Suciedad en el circuito.	Limpiar el circuito y si es necesario decaparlo y limpiarlo de nuevo.
Mala calidad del aceite.	Sustituir inmediatamente y averiguar la causas de su mala calidad
Agua en el circuito.	Comprobar el enfriador y el circuito de circulación del agua.
Aceite espeso (Quizás por un largo período de almacenaje).	Limpiar la corredera y si es necesario cambiar el aceite.
Error en el montaje de las piezas.	Comprobarlo con los planos de despieces.
Juntas imperfectas.	Sustituirlas.
Temperatura de aceite muy elevada.	Revisar y limpiar enfriador, incrementar superficie de disipación y, como último caso, ver los elementos defectuosos y sustituirlos.
Gran velocidad de circulación del aceite (pérdida de carga).	Sustituir el distribuidor por otro de mayor diámetro
Tuberías sometidas a tensiones (alargamientos).	Dotarlas de las curvas de compensación, solamente cuando hay diferencias importantes de temperaturas).
Aceite demasiado frío.	Hacer girar la bomba a baja presión para calentar el aceite o instalar un sistema de precalentamiento.

Tabla 8.10: Averías en distribuidores

Avería: Correderas agarrotadas.

Causa	Solución
Hacer girar la bomba a baja presión para calentar el aceite o instalar un sistema de precalentamiento.	Repararla.
No hay drenaje o existe una contrapresión en esta línea.	Conectar el drenaje o enviarlo de forma directa e independiente al tanque.

Avería: El solenoide no funciona.

Causa	Solución
Bobina quemada.	Buscar la causa y cambiar la bobina.
Corredera agarrotada.	Ver apartado 14.3.1.
No llega corriente.	Comprobar cables y fusibles.
Comprobar cables y fusibles.	Verificar el circuito.

Avería: La presión piloto de la corredera no actúa.

Causa	Solución
Corredera agarrotada.	Ver apartado 3.1.
No hay presión.	Verificar el circuito sobre todo la bomba.
No hay línea de pilotaje.	Instalar esta conducción.
Línea de pilotaje obturada.	Limpiar esta línea debido a acumulación de suciedad.
La corredera no retorna.	Bloque amortiguador mal regulado, ver si el tapón taladrado del piloto está obstruido.

Avería: El distribuidor se calienta excesivamente.

Causa	Solución
Temperatura del circuito demasiado elevada.	Reducir la presión inicial o instalar un refrigerador.
Mala calidad del aceite.	Sustituir inmediatamente y averiguar la causas de su mala calidad
Circuito sucio.	Limpiarlo, si es necesario decaparlo y volverlo a limpiar.
Error en el circuito eléctrico.	Verificar este circuito.
Corredera agarrotada.	Ver apartado 3.1.
Corredera defectuosa.	Repararla o sustituirla.

Avería: El distribuidor hace ruido.

Causa	Solución
Distribuidor demasiado pequeño.	Instalar distribuidor y tuberías de mayores dimensiones.
Vibraciones en el circuito.	Fijar las tuberías.
No hay dispositivo antichoque.	No hay dispositivo antichoque.
Corredera defectuosa.	Repararla o cambiarla.
Corredera agarrotada.	Comprobar si el circuito tiene suciedad, desmontar y limpiarla.

Avería: Fugas en el distribuidor.

Causa	Solución
Mala estanqueidad de los racores.	Verificar las juntas y cambiar racores si procede.
Juntas defectuosas.	Cambiarlas.
Racores flojos.	Racores flojos.
Defecto del distribuidor.	Desmontarlo y repararlo
Desmontarlo y repararlo	Conectar esta línea directa e independientemente al depósito.
No está conectado el drenaje.	Conectarlo.

Tabla 8.16: Averías en servoválvulas

Avería: Servoválvulas agarrotadas.

Causa	Solución
IMPORTANTE. Si la servoválvula se avería es recomendable enviarla al fabricante para su reparación. Tubería de alimentación obturada.	Verificar si el circuito está limpio y limpiarlo en caso contrario.
Filtro obstruido.	Comprobar la limpieza del circuito y limpiar el filtro o cambiar su cartucho.
Retorno mecánico de la corredera agarrotado.	Encontrar la causa y remediarla de que la válvula esté sometida a esfuerzos.
Válvula sometida a esfuerzos.	Aflojar los racores y volverlos a apretar uniformemente.
Suciedad en el circuito.	Limpiar el circuito y si es necesario decaparlo y limpiarlo de nuevo.

Avería: La servoválvula no funciona.

Causa	Solución
Defecto del circuito.	Verificar el circuito y el amplificador.
Circuito magnético averiado.	Repararlo o cambiarlo.
No hay corriente diferencial.	Verificar la instalación eléctrica.
No hay presión.	Verificar el circuito.
Tubería de alimentación obstruida.	Revisar el circuito, si está sucio, limpiarlo.
Filtro obturado.	Revisar el circuito, limpiar o cambiar cartucho del filtro.
Retorno mecánico de la corredera agarrotado.	Retorno mecánico de la corredera agarrotado.
Válvula sometida a esfuerzos.	Aflojar los racores y volverlos a apretar uniformemente.
Mala calidad del aceite.	Limpiar la válvula y si es necesario cambiar el aceite.
Aceite demasiado espeso.	Reducir la presión inicial o montar o aumentar la capacidad del intercambiador.
Temperatura del aceite muy alta.	Reducir la presión inicial o montar o aumentar la capacidad del intercambiador.

Avería: La servoválvula no funciona.	
Causa	**Solución**
Válvula de pequeña capacidad.	Instalar una válvula mayor.
Válvula defectuosa.	devolver al fabricante.

Avería: La servoválvula se calienta excesivamente.	
Causa	**Solución**
Error en la corriente.	Verificar la corriente y los transformadores o instalar éstos.
Retorno mecánico de la corredera agarrotado.	Verificar la instalación eléctrica.
Temperatura del circuito demasiado elevada o error en el circuito.	Reducir la presión inicial o instalar un refrigerador, en el 2º caso verificar el circuito eléctrico.
Mala estanqueidad de los racores.	Verificar las juntas y reapretar los racores

Tabla 8.19: Averías en antirretornos

Avería: Válvula agarrotada.	
Causa	**Solución**
Válvula sometida a esfuerzos.	Aflojar los tornillos y apretarlos uniformemente
Error de montaje.	Respetar las instrucciones de montaje.
Asiento de la válvula desplazado.	Montar un nuevo asiento comprobando que quede bien.
El control del piloto agarrotado.	Buscar la causa y reparar o cambiar el control.
No hay drenaje.	Conectarlo.
Contrapresión en el drenaje.	Conectar el drenaje directa e independientemente al depósito.
Suciedad en el circuito.	Limpiar el circuito, en caso necesario, decaparlo y limpiar a posteriori.
Aceite demasiado frío.	Instalar un sistema de precalentamiento o hacer girar la bomba.

Avería: Fugas.	
Causa	**Solución**
Asiento de la válvula defectuoso.	Sustituir el asiento y la corredera comprobando la limpieza del circuito.
Mala estanqueidad en los racores.	Verificar las juntas (Para fluidos especiales: juntas especiales).
Juntas defectuosas.	Cambiarlas.
Racores flojos.	Apretarlos.

Avería: Resonancias.	
Causa	**Solución**
Falta de circuito antichoque.	Instalarlo.

Tabla 8.22: Averías en reguladores de presión

Avería: Cavitación en el regulador de presión.	
Causa	**Solución**
Asiento defectuoso.	Sustituirlo.
Sustituirlo.	Sustituirlo.
Velocidad del aceite muy elevada.	Montar un regulador mayor.
Mala calidad del aceite.	Sustituir inmediatamente y averiguar la causas de su mala calidad.
Circuito obstruido.	Limpiar el circuito y si es necesario decaparlo y volverlo a limpiar.
Defecto en el circuito antichoque.	Defecto en el circuito antichoque.

Avería: Regulador de presión agarrotado.

Causa	Solución
Regulador sometido a esfuerzos.	Aflojar los tornillos y apretarlos uniformemente.
Temperatura del aceite muy baja.	Hacer girar la bomba a baja presión o instalar un sistema de precalentamiento.
Tubería sometida a esfuerzos.	Hacer girar la bomba a baja presión o instalar un sistema de precalentamiento.
No existe drenaje o hay sobre presiones en esta línea.	Instalar esta línea o conectarla convenientemente.
Suciedad en el circuito.	Limpiar el circuito, en caso necesario, decaparlo y limpiar a posteriori.

Avería: El regulador no funciona.

Causa	Solución
Muelle roto.	Sustituirlo.
Regulador agarrotado.	Buscar la causa y repararlo.

Avería: El regulador se calienta excesivamente.

Causa	Solución
Avería: El regulador se calienta excesivamente.	Revisar el intercambiador de calor y/o respetar la presión máxima.
Velocidad del aceite demasiado alta.	Cambiar el regulador por uno de mayor tamaño.

Tabla 8.26: Averías en reguladores de caudal

Avería: El regulador no funciona.

Causa	Solución
Regulador sometido a esfuerzos.	Aflojar los tornillos y apretarlos uniformemente.
Asiento defectuoso.	Sustituirlo.

Tabla 8.26: Averías en reguladores de caudal

Avería: El regulador no funciona.

Causa	Solución
Corredera de estrangulación defectuosa.	Corredera de estrangulación defectuosa.
Válvula antiretorno agarrotada.	Verificar el muelle de esta válvula y su asiento, si es necesario, sustituirlos o cambiar por una nueva.
Corredera de estrangulación agarrotada.	Sustituirla.
Elemento compensador defectuoso.	Desmontar este elemento y sustituir las piezas defectuosas.
Graduador agarrotado.	Comprobar la limpieza del circuito y sustituir esta pieza.
Muelle roto.	Muelle roto.
Corrosión en el dispositivo de regulación.	Limpiarlo o cambiarlo si es necesario.
Regulador mal calculado.	Instalar uno bien dimensionado.

Tabla 8.27: Averías en válvulas antichoque

Avería: El circuito antichoque no funciona.

Causa	Solución
Muelle roto.	Sustituirlo.
Circuito obturado.	Limpiarlo.
Pistón agarrotado.	Sustituirlo.

Tabla 8.28: Averías en cilindros

Avería: El cilindro funciona demasiado libre.

Causa	Solución
Juntas del pistón o de las guías defectuosas.	Sustituirlas.
Fugas en la guía.	Verificar la guía y sustituir las piezas defectuosas.
Presión demasiado baja.	Verificar la presión de funcionamiento. Instalar un regulador de presión o de caudal.

Avería: Cilindro agarrotado.

Causa	Solución
Suciedad en el circuito.	Limpiar el circuito, en caso necesario, decaparlo y limpiar a posteriori.
Temperatura del circuito demasiado elevada.	Reducir la presión inicial o instalar un refrigerador

Avería: Funcionamiento desigual.

Causa	Solución
El cuerpo no es cilíndrico.	Retocar el cuerpo.
Variaciones de esfuerzos.	Instalar una válvula de secuencia y una de retención.
Variaciones de presión.	Verificar el circuito.

Tabla 8.31: Averías en filtros

Avería: Filtración inadecuada.

Causa	Solución
Demasiada luz de malla.	Instalar un filtro de menos luz. Atención con la capacidad de filtrado.
Filtro obturado, el aceite pasa en derivación.	Limpiar el filtro y si es necesario todo el circuito.
Error en la instalación.	Atención al sentido de circulación.
Campo magnético averiado.	Instalar nuevos elementos magnéticos
Instalar nuevos elementos magnéticos	Cambiar estos elementos si no pueden ser limpiados
Fugas en las canalizaciones.	Hacer las canalizaciones estancas por medio del teflón o Loctite.
Error en el circuito.	Modificar el circuito.

Tabla 8.32: Averías en depósitos

Avería: Aceite contaminado.	
Causa	**Solución**
Defectuosa estanqueidad de las juntas.	Sustituir las juntas.
Circuito contaminado.	Vaciar y limpiar el circuito.
Filtro de aire inadecuado.	Instalar uno adecuado.
Filtro de aire defectuoso.	Limpiarlo o cambiarlo.
Tuberías y circuito obstruidos.	Limpiar, decapar y limpiar de nuevo.

Avería: Emulsión.	
Causa	**Solución**
Nivel de aceite muy bajo.	Llenar hasta el nivel máximo.
Circuito no lleno.	Buscar las fugas, solucionar y rellenar.
Tuberías de aspiración y retorno no separadas por un tabique de decantación.	Instalar este tabique en el depósito.
Instalar este tabique en el depósito.	Instalar el retorno por debajo del nivel de aceite del depósito
Cavitación.	Depresión demasiado fuerte en la aspiración; verificar sección del tubo, longitud y capacidad del filtro.
Mala calidad del aceite.	Sustituir inmediatamente y averiguar la causas de dicho estado.
Depresión importante en el interior del depósito.	Modificar el sistema de entrada de aire al depósito.
Mal montaje en la tubería de retorno.	En la tubería de retorno no hay una T que hace de Venturi no siendo el ramal central estanco a la depresión.

Avería: Temperatura demasiado elevada.	
Causa	**Solución**
Ningún sistema de refrigeración.	Montar un intercambiador o modificar la superficie del depósito para una mejor disipación de calor.
Intercambiador inadecuado.	Aumentar la capacidad del intercambiador o la superficie del depósito que disipa calor.

Avería: Temperatura demasiado elevada.

Causa	Solución
Superficie de disipación de calor muy pequeña.	Aumentar esta superficie.
Alta temperatura ambiente.	Cambiar de lugar el depósito o instalar un intercambiador.
Depósito cercano a una fuente de calor.	Verificar la distancia del depósito a la fuente de calor y si es necesario montar una pantalla aislante.
Presión en el circuito demasiado elevada.	Modificar la presión inicial.
Error en la instalación.	Modificar la instalación.
Elementos defectuosos en el circuito.	Sustituir estos elementos.
No hay indicador de nivel de aceite y no es posible controlar dicho nivel.	Instalar un indicador de nivel.

Tabla 8.35: Averías en acoplamientos

Avería: El acoplamiento se calienta.

Causa	Solución
Mala alineación axial.	Alinear correctamente el acoplamiento, la bomba y el elemento conductor.
Defecto eléctrico en el acoplamiento eléctrico.	Repararlo.
Acoplamiento inadecuado.	Cambiarlo por el acoplamiento correcto.
Poca elasticidad.	Montar un acoplamiento de mayor elasticidad.
Elementos elásticos defectuosos.	Sustituirlos.
Acoplamiento mal equilibrado.	Equilibrarlo.
Acoplamiento sometido a esfuerzos o poco apretado.	Aflojar los tornillos y apretarlos uniformemente.

Tabla 8.36: Averías en tuberías

Avería: Vibraciones.

Causa	Solución
Tuberías mal fijadas.	Colocar mas fijaciones a intervalos regulares.
Variaciones de presión en el circuito.	Verificar las uniones y la tensión excesiva entre bombas, latiguillos y las válvulas.
Mala alineación axial.	Alinear correctamente el acoplamiento, la bomba y el elemento conductor.
Resonancias en cuerpos huecos (bastidores, chapas...).	Utilizar un sistema contra vibraciones en las planchas y fijar los bastidores con hormigón.
No hay circuito antichoque.	Instalar este circuito.
Cavitación en el circuito.	Buscar la causa y remediarla.
Inestabilidad en los reguladores de presión.	Comprobar estos reguladores y, en caso extremos, cambiarlos.
Caudal de la bomba a impulsos.	Comprobar si el caudal de la bomba va a impulsos y siendo así cambiar la bomba.
Aire en el circuito.	Purgar correctamente el circuito.

Avería: Estanqueidad imperfecta.

Causa	Solución
Juntas mal colocadas.	Colocar de nuevo las juntas según las instrucciones de montaje.
Juntas defectuosas.	Sustituirlas.
Racores flojos.	Reapretarlos.
Instalación defectuosa de la tubería.	Consultar las instrucciones de montaje.

Avería: Contaminación.

Causa	Solución
Circuito no limpio.	Desmontar y limpiar.
Circuito no decapado	Decaparlo y volverlo a limpiar
Tuberías con calamina.	Eliminar la calamina, limpiar el circuito y volver a montar las tuberías.

Avería: Contaminación.

Causa	Solución
Mala soldadura.	Verificar las soldaduras.

Tabla 8.39: Averías en acumuladores

Avería: El acumulador no funciona.

Causa	Solución
Válvula de retención agarrotada.	Repararla o sustituirla.
Presión demasiado baja del circuito.	Aumentar la presión inicial.
Diferencia de presión demasiado pequeña.	Aumentar la presión inicial.
Guarniciones y juntas defectuosas.	Sustituir las defectuosas.
Mal montaje del acumulador.	Revisar las instrucciones de montaje.

Avería: El acumulador se calienta excesivamente.

Causa	Solución
Velocidad demasiado rápida.	Instalar una válvula de estrangulación y reducir la velocidad.
Presión demasiado elevada.	Reducir la presión inicial.
Circuito contaminado.	Limpiar el circuito, decaparlo y volverlo a limpiar.

Tabla 8.41: Averías en refrigeradores

Avería: Refrigeración insuficiente.

Causa	Solución
Temperatura de arranque del refrigerador demasiado elevada.	Revisar, reparar y en caso último, instalar uno mayor.

Tabla 8.41: Averías en refrigeradores

Avería: Refrigeración insuficiente.

Causa	Solución
Circuito obstruido.	Limpiar el circuito.
Potencia escasa del ventilador.	Aumentar su potencia.
Capacidad insuficiente del refrigerador.	Cambiarlo.
Llegada defectuosa del agua al refrigerador.	Revisar la entrada de agua y elegir la canalización más próxima a la unidad de bombeo.
Ventilador defectuoso.	Reparar el ventilador o cambiar la unidad refrigeradora
Defecto de fabricación del refrigerador.	Cambiarlo.
Aumento de la potencia de arrastre de la instalación.	Verificar que el tipo de refrigerador sea apropiado a la potencia de la instalación.
Refrigerador de escasa capacidad de intercambio de calor y circulación muy continua del mismo aceite.	Refrigerador de escasa capacidad de intercambio de calor y circulación muy continua del mismo aceite.

Avería: Emulsión de agua en el aceite.

Causa	Solución
Circuito del refrigerador defectuoso.	Vaciar, reparar dicho circuito. Después y vaciar completamente el aceite varias veces, si es necesario, hasta asegurarse que se ha eliminado completamente el agua.
Vaciar, reparar dicho circuito. Después y vaciar completamente el aceite varias veces, si es necesario, hasta asegurarse que se ha eliminado completamente el agua.	Para evitar este fenómeno verificar el circuito; la condensación aparece cuando la temperatura del agua es muy baja y cuando hay poco aceite en el circuito.

Tabla 8.43: Varios

Avería: Contaminación.

Causa	Solución
Tubería flexible de mala calidad.	Tubería flexible de mala calidad.
No se ha protegido la instalación durante el montaje y se ha producido contaminación en la puesta en marcha.	Proteger los taladros con tapones durante el montaje y limpiar antes de la puesta en marcha.
Filtración defectuosa.	Mejorar el filtrado.
Los vástagos de los cilindros introducen suciedad.	Montar collarines, juntas, retenes,...

Avería: Emulsión.

Causa	Solución
Aire en el circuito.	Purgar el circuito.
Cavitación.	Depresión demasiado fuerte en la aspiración; verificar sección del tubo, longitud y capacidad del filtro.
Línea de retorno por encima del nivel de aceite.	Instalar el retorno por debajo del nivel de aceite del depósito

Avería: Variación de temperatura.

Causa	Solución
No hay termostato en el refrigerador.	Montar un termostato.
Paradas intermitentes del refrigerador.	Comprobar el circuito del refrigerador y el termostato.

Avería: Presostato inestable.

Causa	Solución
Dispositivo defectuoso.	Cambiarlo.

Avería: Presostato inestable.	
Causa	**Solución**
Microcontacto defectuoso.	Cambiarlo.
Fuga de corriente.	Verificar eléctricamente el contacto de presión; si es necesario utilizar el contacto con protector.
Circuito eléctrico defectuoso.	Verificar el circuito.

9

Recomendaciones de selección del aceite oleohidráulico

9.1 Introducción

Este tema va a tratar la influencia de la selección de un aceite adecuado para obtener unos buenos resultados en una instalación oleohidráulica.

A continuación, se podrá deducir fácilmente la importancia que tiene el aceite y la conveniencia de que sus características técnicas sean las recomendadas por el fabricante de los elementos oleohidráulicos que forman la instalación.

La elección de un aceite con las características apropiadas es un factor muy importante para obtener un buen rendimiento en un sistema oleohidráulico. El empleo de un aceite inadecuado para los elementos actuadores o impulsores puede ser el origen de serias deficiencias en el funcionamiento y de unos gastos elevados en su mantenimiento. Con el fin de proteger los elementos y asegurar un resultado satisfactorio de los mismos, debe prestarse una especial atención a la selección de aceite a emplear, que puede ser orientada con las especificaciones que da cada fabricante de elementos.

Los aceites son tratados de acuerdo con las aplicaciones para las que van destinados:

- aceites para turbinas,

- aceites para motores de combustión interna,

- aceites para máquinas de refrigeración,

- aceites para sistemas oleohidráulicos.

Es muy importante que recuerde el técnico que el coste del aceite no debe ser nunca un factor determinante, ya que el abaratarlo puede suponer una disminución apreciable del rendimiento del sistema así como un incremento muy elevado en los costes de mantenimiento.

9.2 Propiedades generales

Con el fin de obtener un rendimiento del sistema satisfactorio, el aceite seleccionado para el sistema objeto de estudio debe tener unas propiedades fundamentales, las cuales van a comentarse a continuación.

No se deben obviar nunca una o varias de estas propiedades ya que pueden provocar dificultades de funcionamiento.

Dada la naturaleza general de estas propiedades no resulta práctico establecer normas que abarquen límites aceptables. El buen rendimiento obtenido en el funcionamiento real es la mejor guía de que estas propiedades generales se encuentran dentro de unos valores aceptables.

9.2.1 El aceite debe poseer buena estabilidad química y resistencia a la oxidación

La falta de estas propiedades se manifiesta generalmente en fenómenos que causan aumento de viscosidad, formación de barros o depósitos de materiales oxidados dentro del sistema y el desarrollo de un contenido ácido que es altamente corrosivo para los metales del circuito.

9.2.2 El aceite no debe permitir ni una excesivo desgaste ni fugas elevadas en los elementos del sistema

Para evitar el desgaste entre las superficies sujetas a rozamientos, la consistencia de la película de aceite oleohidráulico, así como la lubricidad deben ser adecuadas para satisfacer las condiciones más desfavorables que puedan presentarse respecto a la presión, velocidad y temperatura que puedan alcanzarse. El desgaste excesivo acelera e incrementa enormemente los gastos de mantenimiento ya que la reparación sólo es posible sustituyendo las partes afectadas de los elementos dañados.

Las pérdidas o fugas internas son el paso del aceite desde la parte donde existe una presión elevada a la parte donde la presión es más baja. Este efecto en las bombas de caudal variable supone una inyección más prolongada de la bomba con el consiguiente incremento del consumo de energía, toda vez que es necesario compensar esta disminución del rendimiento volumétrico. En las bombas de caudal constante supone una reducción en la velocidad de desplazamiento. Las fugas internas dependen en gran parte de la viscosidad del aceite, incrementándose aquellas cuando menor sea ésta y viceversa.

9.2.3 El aceite, durante el curso normal de funcionamiento, debe evitar la formación de óxidos sobre las superficies internas

Para evitar la oxidación durante el almacenaje o largos períodos de paro deben adoptarse medidas especiales.

La oxidación de piezas unidas estrechamente destruirá los espacios y mermará la capacidad para alcanzar y mantener las presiones requeridas. Los depósitos de partículas sueltas de óxido pueden formarse en puntos críticos que cierran pasos y retrasan el funcionamiento correcto del sistema.

9.3 Características físicas

Todos los aceites minerales tienen cualidades físicas que pueden ser medidas mediante una serie de pruebas. Entre las lecturas más corrientemente citadas se encuentran las de viscosidad, índice de viscosidad, punto de combustión, puntos de inflamación y fluidez, demulsibilidad y residuo de carbón. No debe suponerse que el aceite adecuado se elige sólo por estas lecturas físicas, puesto que aceites inferiores o de calidad inadecuada pueden dar lecturas muy parecidas a los de alta calidad.

A continuación, se resumen las características físicas de los aceites más importantes, las cuales se describirán, algunas de ellas, de forma más extensa:

1. Viscosidad apropiada

   Para reducir fugas, pérdidas de carga y asegurar una pronta reacción a los mandos.

2. Alto índice de viscosidad

   Para asegurar un buen rendimiento dentro de una amplia gama de temperaturas.

3. Bajo punto de fluidez

   Para asegurar una aspiración perfecta a baja temperatura de arranque

4. Alta demulsibilidad

   Para asegurar una rápida separación del agua y evitar absorciones de aire.

5. Baja neutralización

   Para evitar la corrosión de los elementos que componen el circuito.

6. Película resistente de aceite o protección antidesgaste.

   Para reducir al mínimo el desgaste de los elementos oleohidráulicos.

7. Alta capacidad de lubricación.

   Para facilitar los movimientos de las distintas partes de los elementos oleohidráulicos.

8. Estabilidad química

   Para prevenir la oxidación del aceite.

9.3.1 Viscosidad

La viscosidad es la propiedad física más usada al solicitar un aceite para un determinado uso.

Se define como la resistencia que opone a la circulación, es debida al rozamiento de unas partículas con otras y al rozamiento con las paredes de las tuberías o elementos que lo conducen.

Cuanto mayor es la viscosidad de un aceite tanto mayor es su rozamiento y por consiguiente su dificultad para circular.

Se mide por el tiempo de salida de una cierta cantidad de aceite por un orificio de determinadas dimensiones, con los viscosímetros.

Sus unidades son:

- En Europa en grados Engler,

- En Inglaterra en segundos Redwood,

- En USA en segundos Saybolt.

Los grados Engler representan el cociente entre el tiempo que tarda en pasar 200 cm^3 del líquido considerado a través de un pequeño tubo de 2,8 mm de diámetro interior y el tiempo de paso de la misma cantidad de agua a través del mismo tubo cuando las temperaturas sean de 20° C. Con la variación de temperatura varían los tiempos de salida y por tanto su viscosidad, por lo que los resultados de estas mediciones han de ir acompañados de la temperatura a la que se ha hecho la prueba(normalmente a 20° C, 50° C y 100° C).

Como ejemplo , las bombas y motores de paletas no son demasiado exigentes en cuanto al grado de viscosidad, sin embargo los mejores resultados se obtienen con una viscosidad comprendida entre 4 y 5° E. a 50° C.

El uso de aceites más pesados presenta algunas dificultades:

- mayor consumo de potencia debido al aumento de los rozamientos del fluido,
- respuesta menos sensible a los controles y
- un calentamiento más lento en el arranque del sistema.

El uso de aceites más ligeros presenta también algunas dificultades:

- peligro de cavitación (pequeñas explosiones internas),
- excesivo desgaste en las piezas,
- fugas más intensas,
- incapacidad para mantener una elevada presión durante un tiempo prolongado.

La viscosidad del aceite oleohidráulico a la temperatura de arranque no debe exceder los límites impuestos por el constructor de la bomba. En caso de que la viscosidad excediera a este número debido a la baja temperatura, el aceite no tendría la fluidez necesaria para ser aspirado por la bomba en la cantidad requerida. En estas condiciones la bomba puede acusar cavitación en la aspiración y barboteo en su interior debido a la insuficiencia de aceite para su lubricación.

Normalmente se utilizan los números SAE para designar viscosidades, pero dado que cada número SAE, abarca una amplia gama de viscosidades, el adoptar estas unidades de medida no asegura una determinada viscosidad, ya que basándose en estos números es fácil escoger un aceite para motores, el cual no da un resultado satisfactorio en aplicaciones oleohidráulicas.

9.3.2 Índice de viscosidad

Se define como el número que indica la variación de viscosidad de un aceite con las variaciones de temperatura.

Cuanto mayor sea el número que expresa el índice de viscosidad, menor será el cambio de la viscosidad del aceite al variar su temperatura.

Este dato es un indicador de la calidad y grado de refinamiento del aceite. Por tanto, es un factor muy importante a tener en cuenta en los circuitos sometidos a una variación de temperatura ambiente. En la práctica, con el fin de asegurar una buena calidad del aceite oleohidráulico y un efecto mínimo de la variación de viscosidad a diferentes temperaturas, se recomienda utilizar un aceite con un índice de viscosidad superior a 90.

9.3.3 Punto de fluidez

Se define como la temperatura a la cual el aceite deja de fluir.

Este factor solo se tiene en cuenta cuando las temperaturas de arranque son muy bajas. Esta temperatura se alcanza cuando la viscosidad del aceite supere los 86° E. Si ocurriera que la temperatura disminuyera tanto que se alcanzase el punto de fluidez, sería necesario seleccionar otro aceite cuyo punto de fluidez fuese, como mínimo, 5° C menor que la temperatura mínima prevista.

9.3.4 Número de neutralización

Este número indica el grado de acidez de un aceite.

El aceite nuevo, al salir de la refinería, está exento de ácido y solamente después de un servicio continuo puede desarrollar una acción ácida. La rapidez y el grado de esta reacción dependen en gran medida de la calidad y del grado de refino.

Este factor tiene una gran importancia en la elección de un aceite oleohidráulico destinado a un circuito de servicio continuo.

Es muy difícil determinar el número de neutralización límite que representa peligro.

Se recomienda un aceite con número de neutralización por debajo de 0,10 (el número decimal indica los miligramos de potasa cáustica necesarios para neutralizar un gramo de aceite) para prevenir contra los aceites mal refinados y que no poseen la calidad mínima necesaria.

Es tan importante el punto de acidez de un aceite como la rapidez en el cambio de este número de neutralización.

9.3.5 Demulsibilidad

Se define como la facilidad o rapidez que tiene el aceite de separarse del agua con la que puede verse mezclado.

El aceite puede mezclarse con el agua debido a la condensación de ésta en el aire contenido en el depósito. Esta mezcla forma emulsiones y espuma, lo que produce una disminución de la resistencia de la película. Por tanto, la presencia de emulsiones debe evitarse a toda costa.

Los aceites de baja demulsibilidad son propensos a absorber aire que origina una marcha irregular en el circuito.

9.4 Aditivos

Como resultado de multitud de investigaciones, se han descubierto ingredientes que, al ser añadidos al aceite base, mejoran las propiedades del mismo. Los resultados obtenidos dependen de la calidad y cantidad de aditivos incorporados al aceite durante su fabricación.

Los tipos de aditivos incorporados al aceite en las cantidades requeridas dan como resultado:

- menor desgaste,
- mejor protección contra la oxidación
- mejor protección contra la formación de posos,
- controlar la tendencia a la formación de espuma,
- sistemas más limpios,
- funcionamiento más seguro,
- menores gastos de entretenimiento y
- duración más prolongada del aceite.

En la actualidad, los aceites oleohidráulicos puestos en el mercado, pueden ser o tratados para resistir solamente la oxidación o bien la oxidación y el enmohecimiento.

En general los aceites del tipo aditivo han establecido un record de rendimiento y, en algunos casos, los resultados han sido sorprendentes. No obstante, es importante recordar que un aceite oleohidráulico que contiene aditivos, no implica que tenga un rendimiento mayor ya que la mejora del rendimiento depende fundamentalmente de:

- la calidad del aceite mineral básico y
- del conocimiento y habilidad del refinador en seleccionar y fijar la proporción de aditivos.

Los aceites minerales originales sin aditivar de la calidad adecuada se adaptan satisfactoriamente a los elementos de transmisión por engranajes y paletas, sin embargo es recomendable elegir los de tipo aditivo siempre y cuando sean adquiridos a firmas de prestigio que tienen probada la calidad de su aceite. Estos últimos se recomiendan para los elementos de transmisión por pistones.

Debe tenerse muy presente que ciertos aditivos incorporados a un aceite después de su fabricación para obtener una mejora de cierta cualidad del mismo, puede dar como resultado la pérdida de otras importantes cualidades.

9.5 Recomendaciones

Las características físicas de un aceite no garantizan la elección del aceite adecuado, por lo que se recomienda el uso de marcas de gran calidad demostrable.

A continuación se dan unas pautas generales sobre las características de un buen aceite para transmisiones oleohidráulicas, basadas en los resultados obtenidos de múltiples investigaciones de circuitos típicos.

Otros tipos de aceites oleohidráulicos de diferentes marcas pueden dar resultados plenamente satisfactorios siempre y cuando sean equivalentes en cuanto a calidad y valor de servicio:

9.5.1 Características físicas

- Color: Claro y nítido.

- Densidad a 15°C: Entre 3 y 5° E a temperaturas normales de funcionamiento.

- Índice de viscosidad: De -10° a -40° C según temperatura mínima prevista.

- Punto de inflamabilidad Luchaire: 150° / 200° C.

- Punto de combustión Luchaire: 180° / 230° C.

9.5.2 Características Químicas

- Acidez mineral: Nula.

- Acidez orgánica: Menor a 0,02 (mg. KOH/g.)

- Índice de saponificación: Menor a 0,05 (mg. KOH/g.)

- Punto de anilina: De 85 a 100° C.

- Cenizas por calcinación: Menor de 0,01

- % de agua: Ninguna

9.5.3 Cualidades físicas

- Resistencia a la oxidación.

- Protección antiherrumbre.

- Protección antidesgaste.

- Aptitud para la decantación.

- Absorción rápida de espumas.

9.5.4 Mantenimiento de estas cualidades físicas con el tiempo

9.6 Factores que afectan al rendimiento del aceite oleohidráulico

9.6.1 Temperatura elevada del aceite

La temperatura excesiva del aceite durante el funcionamiento es perjudicial tanto para el aceite mismo, como para los elementos del circuito, y con gran frecuencia es la causa del incremento de costes de reparación y mantenimiento.

El calor del sistema se produce en los elementos sometidos a fricción: bomba, válvulas, tuberías, motores, cilindros,... y es arrastrado con el aceite a lo largo de todo el sistema para acabar en el depósito, elevando gradualmente la temperatura de todo el circuito.

Este calor se va disipando por conducción y radiación hasta que se alcanza un punto de equilibrio en el cual el calor generado es igual al disipado por todo el circuito. Cuando esta temperatura de equilibrio está por encima de los límites aceptables, es necesario acelerar el enfriamiento del aceite por medios auxiliares.

Se suele emplear un enfriador provisto de medios automáticos para controlar el volumen de agua y para obtener resultados óptimos se aconseja una temperatura de 40° C como máximo ideal, no obstante nunca deben sobrepasarse los 65° C. para obtener un rendimiento eficiente, aunque, en muchas ocasiones, la temperatura admisible de muchos circuitos ronda los 80°C.

Las temperaturas altas rebajan la viscosidad del aceite lo que produce las siguientes consecuencias:

- Reduce el poder lubricante del aceite.
- Aumento del desgaste de los elementos y de fugas en el circuito.
- Aumentan las oxidaciones y la acidez corrosiva.
- Aceleran la formación de depósitos de lodos.
- Cambios más frecuentes del aceite oleohidráulico.

Por tanto, es muy conveniente controlar la temperatura del aceite y hacer una inspección diaria. En la práctica, para realizar este control se coloca un termómetro dentro del depósito o se toca con la mano la pared exterior del mismo: las temperaturas inferiores a 50° C se soportan con la mano, pero por encima de este valor es doloroso al tacto.

Si a pesar de tener un intercambiador de calor se observa una elevación anormal de la temperatura del aceite, verificar siempre el caudal de agua y seguidamente el estado de los serpentines por si estuvieran obturados.

Si no hay intercambiador debe observarse si existe una excesiva generación de calor en la bomba, si alguna válvula está cerrada o existen estrangulaciones en el circuito,...

9.6.2 Contaminación elevada

El aceite debe mantenerse limpio. No es factible tratar todos los posibles efectos que pueden producir las impurezas sólidas o líquidas, no obstante conviene remarcar la necesidad de impedir la penetración de cuerpos extraños en el circuito y adoptar las debidas precauciones para que esto no suceda al añadir aceite al sistema durante los trabajos de mantenimiento.

Todos los posibles contactos de la atmósfera con el aceite deben ser eliminados con tapas y juntas e incluso el normal respiradero del depósito debe estar provisto de un filtro de aire sobre el cual se hablará más adelante. Una excesiva limpieza proporcionará excelentes resultados en la duración del equipo oleohidráulico.

El rendimiento de la instalación se ve afectado si se permite la entrada de impurezas:

1. Las partículas de naturaleza arenosa o sólida hacen que la bomba se raye, se desgaste prematuramente y en caso extremo, se gripe. En ocasiones, se alojan en el interior de las válvulas obstruyendo el paso del aceite y retardando su correcto funcionamiento.

2. Las partículas contaminadoras actúan como agentes catalíticos acelerando la oxidación del aceite.

3. Las partículas sólidas se alojan entre las superficies muy ajustadas entorpeciendo el logro de altas presiones requeridas para el buen funcionamiento y hasta la rotura del elemento.

9.6.3 Presencia de agua

Aunque el agua puede ser considerada como una impureza que no debe mezclarse nunca con el aceite oleohidráulico, en la práctica es imposible evitar que pequeñas cantidades de agua existentes en forma de vapor en el aire contenido dentro del depósito, se condensen por el descenso de temperatura y caigan sobre el aceite.

Un aceite con alta demulsión no se mezcla nunca con el agua, porque el agua al tener una mayor densidad va al fondo del depósito, siendo desalojada por el desagüe. En caso de no abrir dicho desagüe con cierta frecuencia podría ocurrir que el nivel alcanzado por el agua llegue a una altura en la que pueda ser aspirada por la bomba.

Una cantidad excesiva de agua en el aceite provoca las siguientes consecuencias:

1. Disminuye sus cualidades lubricantes.

2. Fomenta la formación de óxidos sobre las superficies internas.

En caso de instalaciones al aire libre, se recomienda una cubierta para proteger de la lluvia o de la nieve, debiendo efectuarse con mayor frecuencia las comprobaciones del contenido de agua en el depósito.

9.6.4 Excesiva formación de espuma o arrastre del aire

La formación de espuma es causada por la lenta liberación de pequeñas burbujas de aire encerradas en el aceite.

La presencia de aire en el aceite puede provocar las siguientes consecuencias:

- Funcionamiento irregular en el circuito al existir bolsas de un fluido comprensible.

- Disminuir el rendimiento volumétrico de la bomba (factor muy importante en las bombas de alta presión)

- Produce un consumo innecesario de potencia en las bombas de caudal variable.

- Chapoteo en la bomba.

- Acelerada oxidación del aceite.

- Escape de aire por el respiradero.

- Cavitación.

Si se observa una ligera capa de burbujas de aire sobre el depósito no debe ser motivo de preocupación, pero si la espuma fuese excesiva, deben tomarse las precauciones necesarias para evitarlas.

Algunas causas de esta anomalía son:

- Nivel demasiado bajo en el depósito que permite la aspiración de aire por la bomba.

- Turbulencia excesiva en el depósito debida a un mal diseño del mismo.

- Velocidad alta del aceite en el retorno.

- Línea de retorno por encima del nivel del aceite.

- Filtraciones en la tubería de aspiración.

- Mala selección del grado del aceite oleohidráulico o al mal estado del mismo.

9.6.5 Tiempo frío

Cuando los equipos están situados en ambientes con bajas temperaturas, puede resultar que el aceite se encuentre congelado en el momento de arranque y, en este caso, es necesario tomar medidas especiales.

Recordar que en el momento de arranque, la viscosidad del aceite oleohidráulico no debe ser superior a los límites impuestos por el fabricante de la bomba, si se rebasa estos límites sería necesario seleccionar un aceite de baja temperatura o instalar algunos medios para calentar el aceite antes del arranque, y aún así dejar la bomba trabajar en vacío hasta que el aceite haya tomado una temperatura permisible, haciéndolo llegar a los distintos puntos del circuito para calentar todo el sistema.

9.7 Procedimiento para asegurar el estado adecuado del aceite

9.7.1 Utilización de filtros para el aceite

La limpieza del aceite es el factor más importante para asegurar un funcionamiento adecuado y una larga duración de los elementos oleohidráulicos: bombas, motores, válvulas, cilindros..., reduciendo al mínimo los gastos de mantenimiento.

Este tipo de circuito debe limpiarse completamente después de montado y preservarse contra todas las impurezas, incluidas las del medio ambiente.

Es una falsa economía por parte de los fabricantes prescindir de un buen sistema de filtrado ya que su valor queda amortizado en breve plazo.

El tamaño de la luz de la malla se mide en microns; un micrón equivale a una milésima de milímetro y se representa por la letra griega μ, $(1\mu = 0,001 \text{ mm.})$

El grado de filtración requerido por una bomba depende siempre del fabricante de la misma. Dicho dato debe ser suministrado por él.

Circulación del aceite dentro del circuito: El aceite nuevo, completamente limpio, es aspirado por la bomba a través del filtro de aspiración que la protege contra elementos que accidentalmente puedan llegar al depósito. Este aceite se impulsa al lugar de trabajo a través de una serie de válvulas y tuberías. Aunque las tuberías se hayan limpiado interiormente antes de montarlas el aceite va arrancando una serie de partículas de distinta naturaleza que no deben ser aspiradas por la bomba, para lo cual existe un filtro en la línea de retorno que asegura el estado de limpieza necesario en el aceite antes de volver al depósito.

A continuación, se dan unas recomendaciones generales recogidas de la práctica diaria, las cuales pueden evitar averías o desgastes prematuros en un circuito oleohidráulico:

1. El depósito debe ofrecer las garantías necesarias para evitar la contaminación de dicho aceite.

2. La colocación de filtros en el tubo de aspiración de la bomba con medidas de malla dadas por el fabricante, puede provocar un taponado parcial de la aspiración lo que lleva asociado el fenómeno de cavitación, altamente perjudicial para las bombas.

3. El filtro debe situarse generalmente en la línea de retorno al tanque de forma tal, que asegure su efectividad sin menoscabo de un mal funcionamiento, solo se pondrá en la tubería de aspiración si se trata de una instalación de circuito cerrado.

4. El filtro seleccionado debe ser magnético con el fin de retener las partículas férricas que son arrastradas por la circulación del aceite desde las paredes internas de las tuberías.

5. Estos filtros deben poseer una capacidad de filtrado doble que el caudal máximo de retorno, para evitar que pequeños taponamientos no permitan el paso del aceite sin filtrar u obliguen a hacerlo a una presión que pueda ser perjudicial para el filtro.

6. Los filtros, por su configuración, necesitan una superficie mínima de filtrado y por tanto debe desconfiarse de los filtros que, con dimensiones reducidas, aseguran un perfecto filtrado de grandes caudales de aceite.

7. A pesar de la colocación del referido filtro, la bomba debe protegerse con un filtro de mayor tamaño de malla en la aspiración, dimensionado ampliamente para evitar taponamientos. Colocado el filtro en el retorno, el de aspiración debe tener una malla entre 200 μ y 400 μ, protegiendo de forma eficiente la bomba contra elementos de tamaño apreciable.

8. Los filtros de retorno deben ser controlados y limpiados en caso necesario.

9. Los intervalos para la revisión de los filtros de retorno varían según el circuito.

10. Durante las primeras horas de funcionamiento de la máquina, el arrastre de partículas es mucho mayor que después de un cierto tiempo de funcionamiento.

11. Regla general: la primera revisión a las 50 horas de trabajo y las siguientes se alarguen de forma progresiva hasta alcanzar las 250 horas o un mes. Estas revisiones pueden alargarse o acortarse según el filtro salga limpio o, por el contrario, bastante obstruido.

12. Para comodidad en las revisiones, estos filtros deben ser colocados únicamente en lugares muy accesibles, que permitan un fácil desmontaje de los mismos.

13. Si la malla es metálica puede ser limpiada con gasolina, petróleo o similar, y si es de papel debe de cambiarse asegurándose antes de que el filtrado es bueno y el cartucho no se encuentra roto.

14. Los filtros de aspiración no necesitan un cuidado tan especial y pueden revisarse cuando, al efectuar algún trabajo, sea posible una fácil llegada hasta él.

15. Circuitos con Bombas de paletas:

    a) Filtro de aspiración con malla entre 200 y 400 μ, y capacidad de filtrado doble que el caudal de la bomba. Revisión en caso de fácil acceso.

    b) Filtro de retorno (se aconseja magnético) con malla de 60μ (máximo) y capacidad doble que la descarga. Revisión cada 250 horas o una vez al mes.

16. Circuitos con Bombas de pistones:

    a) Filtro de aspiración con malla entre 200 y 400 μ, y capacidad de filtrado doble que el caudal de la bomba. Revisión en caso de fácil acceso.

    b) Filtro de retorno (aconsejable magnético) con malla de 10 μ (máximo) y capacidad doble que la descarga. Revisión cada 250 horas o una vez al mes.

Nota: Si el sistema no está limpio adecuadamente antes del arranque inicial o el nuevo aceite se halla contaminado, puede dar lugar a romper la bomba a los pocos minutos de funcionamiento.

9.7.2 Utilización de filtros para aire

Con el fin de que no se cree un vacío dentro del depósito cuando la bomba aspire, es necesario colocar una entrada de aire en el tanque y como el aire puede llevar impurezas que afecten a la limpieza del aceite es necesario que el aire penetre en el depósito a través de un filtro que debe estar colocado en el mismo tapón de llenado del aceite.

Al colocar un filtro de aire debe estar lo suficientemente dimensionado para permitir la entrada de aire necesaria.

Cuando el ambiente es particularmente polvoriento se debe colocar un filtro de aire de gran efectividad.

La precaución que debe tomarse con los filtros de aire es que estén lo suficientemente limpios para que su acción purificadora sea efectiva.

9.7.3 Renovación del aceite oleohidráulico

La sustitución del aceite oleohidráulico depende principalment

- del tipo de instalación
- de la calidad del aceite empleado.

Debido a las múltiples combinaciones de estos dos parámetros es imposible establecer normas para efectuar dicha sustitución.

Con filtros adecuados y utilizando un aceite de calidad, cuando las condiciones de funcionamiento son moderadas, dicho aceite se podrá utilizar durante un largo período sin sustituirlo.

Si las temperaturas de funcionamiento de la instalación son superiores a la recomendada de 50º C, siendo el servicio continuo, duro y con elevada contaminación, se recomienda el cambio de aceite en períodos frecuentes, entre seis meses y un año.

El método más exacto para determinar el intervalo de sustitución de un aceite oleohidráulico es utilizando métodos de análisis periódico en laboratorio. Los distribuidores de estos tipos de aceite pueden realizar estas comprobaciones y determinar su grado de degradación.

Emplear la metodología utilizada por muchos mecánicos encargados de este tipo de instalaciones que, por economía, descuidan los cambios de aceite recomendados es causa de gastos mayores de mantenimiento. Entre los problemas que suscita esta práctica descrita está la formación de depósitos que restringen el caudal de aceite y ensucian de forma anómala el circuito, aumentando la viscosidad del aceite utilizado y desarrollando su acidez corrosiva.

No hay regla general pero se recomienda que el cambio ideal del aceite oleohidráulico de una instalación es:

"al finalizar un turno de trabajo o después de que el sistema ha estado en servicio continúo durante cierto tiempo y el aceite se encuentra a la temperatura de trabajo".

Haciéndolo así, se elimina la mayor cantidad de impurezas con el aceite usado.

Con el fin de evitar la posible contaminación del nuevo aceite es conveniente extraer todo el aceite usado antes de llenar el circuito con aceite nuevo, por tanto, habrá que sangrar tanto bombas, como motores como cilindros para la extracción del aceite usado que contienen.

9.8 Limpiado y lavado

Resulta beneficioso lavar el circuito antes de introducir aceite nuevo, ya que las impurezas existentes en la instalación son eliminadas en su mayor parte.

Procedimiento general:

1. Llenar el depósito hasta cubrir la entrada de la bomba

2. Hacer girar la bomba inicialmente de forma manual y luego de forma uniforme, vigilando en todo momento que el nivel del tanque no descienda por debajo de la aspiración, y

3. Accionar el cilindro o motor oleohidráulico de forma libre (=sin carga), durante 30 minutos de forma que el aceite vaya circulando por todo el circuito.

4. Inmediatamente después, expulsar este aceite utilizado en esta operación con el fin de que arrastre las impurezas al exterior antes de que éstas tengan tiempo de fijarse.

Nota: Se recomienda para la operación de lavado utilizar el mismo tipo de aceite oleohidráulico que el recomendado para el funcionamiento ordinario o, en su defecto, en casos especiales uno de calidad especial que sea compatible con el aceite oleohidráulico utilizado y no ejerza ningún efecto diluidor o degradante grave en caso de que quede alguna partícula en el circuito. Por este motivo, no se recomienda utilizar los aceites de lavado de calidad ordinaria en este tipo de circuitos.

Si aparecen en el fondo y paredes laterales del tanque partículas sedimentadas, es aconsejable la limpieza de estas superficies antes de colocar el aceite nuevo, utilizando trapos exentos de pelusilla, evitar los restos de algodón o lana debido a los hilos que puedan desprenderse y provocar obturaciones parciales o totales de conductos en tuberías o válvulas. Los trapos pueden ser empapados en gasolina o petróleo disolvente para ayudar en la acción limpiadora.

Los métodos modernos de refinado y envasado garantizan que el aceite oleohidráulico tal y como se recibe, ya sea en latas o en bidones, está completamente limpio y libre de impurezas, no obstante, para asegurar la ausencia de sorpresas al ser incorporado al circuito, es conveniente filtrarlo antes de echarlo al tanque, con una malla igual a la que lleve el filtro de retorno.

Es recomendable el almacenamiento del aceite sin usar en una sala cerrada y limpia. Nunca situarlo alrededor de la máquina debido a la infinidad de oportunidades de que la suciedad entre en contacto con el aceite nuevo. Los barriles y latas deben estar siempre que no se utilicen tapados. Cuando se tienen en "stock", varios tipos de aceite, es muy conveniente un sistema de identificación fácilmente visible que no permita confusión.

9.9 Indicaciones prácticas referentes al aceite utilizado para un correcto funcionamiento de la instalación oleohidráulica

9.9.1 Puesta en marcha de los nuevos circuitos

Para poner en marcha una nueva instalación son muchos los puntos que deben tenerse en cuenta a priori, pero en este apartado sólo se tendrá en cuenta aquellos que afectan a la pureza del aceite oleohidráulico.

Durante los primeros días de funcionamiento (= 50 horas de trabajo) es usual la aparición de partículas de metal desprendidas, de materiales para juntas, pintura, en consecuencia el aceite oleohidráulico puede captar una apreciable cantidad de materia extraña abrasiva que el filtro no pueda retener convenientemente. Se recomienda, a juicio de los autores, se cambie el aceite a la vez que se revisa el filtro al transcurrir este período de tiempo. La práctica usual en instalaciones nuevas con grandes cantidades de aceite es, por el contrario, cambiar el filtro utilizado y mantener el aceite posiblemente contaminado por economía para la empresa.

9.9.2 Cantidad de aceite en el sistema

La cantidad de aceite necesaria para un circuito oleohidráulico no es posible fijarlo de antemano sin conocer el circuito en profundidad, depende de muchos factores: presión de trabajo, tipo de servicio, calentamiento del aceite, longitud de tuberías, diámetro, accesorios intercalados, caudal de la bomba, dimensiones de los motores y cilindros....

Se recomienda predimensionar el tanque con una capacidad útil de 3 a 5 veces el caudal de trabajo de la bomba en litros por minuto.

Siendo tanto mayor cuanto más desfavorable sean las condiciones de trabajo o mayor calentamiento de aceite se suponga. Si además las longitudes de tuberías y la capacidad de los cilindros son muy elevadas, el volumen predefinido de aceite del depósito por la regla anterior deberá ser incrementado con el volumen de estos elementos.

Se debe mantener aceite suficiente en el circuito, pero la práctica diaria indica lo contrario ya que se le presta poca atención a los niveles mínimos y normalmente no se rellenan los niveles hasta que la falta de aceite provoca un funcionamiento irregular del sistema.

El depósito de aceite oleohidráulico debe llevar siempre un nivel visual que indique el máximo y el mínimo recomendado, o dos mirillas, una distinta para cada nivel. Este último sistema no es muy recomendable en la práctica, debido a la obturación interna por suciedad de los capilares de cada mirilla indicando de forma incorrecta.

Si el circuito es hermético y no existen fugas, el nivel de aceite disminuye muy despacio. En caso contrario, se debe revisar toda la instalación si se observa un descenso acelerado del nivel, aunque sólo sea para economizar aceite.

Si se descuida la observancia del nivel mínimo de aceite en el tanque, la bomba aspirará aire tarde o temprano, por lo menos durante parte del ciclo, produciendo cavitación en su interior lo que puede llegar a romper la bomba. El llenar por encima del nivel máximo, además de no ser beneficioso, puede producir fugas por el filtro de aire.

9.9.3 Fugas evitables

Las fugas de aceite en un circuito oleohidráulico deben ser corregidas tan pronto lo permitan las necesidades de producción.

No son convenientes por las siguientes razones:

- Originan un consumo innecesario de aceite,
- Suciedad,
- Calentamiento,
- Laminación del aceite,
- Origen posible de un mal funcionamiento de todo el sistema si estas filtraciones se producen en la tubería de aspiración, permitiendo la entrada de aire en la de presión.

Nota: Los puntos más vulnerables a las fugas o filtraciones son las juntas de tuberías o empalmes, así como el eje de la bomba, de los cilindros y de los motores oleohidráulicos.

9.9.4 Presión anormal del aceite

En condiciones normales de funcionamiento, se recomienda colocar un manómetro o indicador de presión del aceite en todos los circuitos oleohidráulicos. Por regla general, se colocan cercanos a los reguladores de presión de cualquier tipo. La lectura de las presiones, varias veces al día, proporciona una buena comprobación sobre el adecuado sistema de funcionamiento. Esta práctica proporciona una conveniente protección a costa de un mínimo tiempo utilizado.

En instalaciones oleohidráulicas complejas o muy grandes, se sustituyen los manómetros colocados de forma fija por tomas de enchufe rápido, dejando sólo un manómetro de forma fija cercano a la bomba principal y el resto el operario toma medidas conectando uno o dos manómetros a diferentes puntos de la instalación(puntos de enchufe rápido). Esta práctica permite evitar el desgaste prematuro de dichos aparatos y su fácil sustitución.

Las presiones anormales, si son sostenidas, indican condiciones defectuosas en algún punto, que deben corregirse rápidamente. La anomalía más usual es: el descenso de la presión y puesto que la fuerza de la máquina es directamente proporcional a la presión de trabajo, puede llegar el caso de que ésta no sea suficiente para efectuar el trabajo o realizarlo defectuosamente.

La causa del descenso de presión puede en ocasiones resultar difícil de descubrir, pero puede ser debida a alguna de las causas siguientes:

1. Existen fugas en la tubería o en algún otro punto, en el lado de presión del circuito.

2. La válvula de seguridad está regulada demasiado baja.

3. La válvula de seguridad se ha atascado y ha quedado abierta.

4. Existe alguna restricción en la tubería de aspiración de la bomba, generalmente un filtro de aspiración obturado total o parcial.

5. Existe una filtración en la línea de succión o en el retén del eje de la bomba, permitiendo la entrada de aire.

Si la presión excede a la prevista y permanece en este punto, en la mayoría de los casos se debe a la válvula de seguridad. Es de tener en cuenta que cuando la temperatura de arranque es demasiado fría y el aceite se ha congelado, la lectura de la presión puede tener un valor por encima de lo previsto, pero a medida que el aceite se caliente se irá acercando a la normal.

9.9.5 Ausencia de moho

El moho es el enemigo común de toda maquinaria y es, particularmente perjudicial para el equipo oleohidráulico de precisión y en donde, incluso las minúsculas cantidades de moho en las piezas estrechamente ajustadas, pueden dañar su eficacia.

Afortunadamente, la evitación del moho que gira en gran parte sobre la eliminación de la humedad, no es un gran problema si el sistema se mantiene cerrado y se tiene cuidado en los trabajos de mantenimiento y limpieza del local.

Sin embargo, como medida de precaución, se recomienda que se emplee regularmente un aceite oleohidráulico inhibido contra moho. De esta manera se asegurará la protección contra el enmohecimiento que se podría formar debido a posibles condiciones de humedad.

Si el equipo debe estar almacenado o permanecer inactivo durante un cierto período de tiempo, el uso de un aceite inhibido contra moho proporcionará la protección suficiente para evitarlo.

Por otra parte, si las unidades están emplazadas en un ambiente húmedo, cerca del mar o expuestas al aire libre, es conveniente tomar precauciones especiales contra el enmohecimiento.

Unos días antes de efectuar el paro prolongado, el aceite normal debe ser sustituido por un producto fuertemente inhibido, que debe permanecer en el sistema durante el almacenaje. Antes de volver a poner este sistema en marcha, debe inspeccionarse para buscar la presencia de agua, moho, partículas extrañas, etc., en el aceite y determinar si procede efectuar una limpieza y lavado, antes de poner la instalación otra vez en uso. Si en el circuito ha habido un aceite especial preventivo de moho, éste puede dejarse en servicio durante una semana (suponiendo que no sea necesario el lavado) y luego sustituirlo por el tipo de aceite oleohidráulico del grado adecuado, ya que el primero no es recomendable para un trabajo prolongado. Los dos grados de aceite son, generalmente, compatibles y las pequeñas cantidades de aceite que queden retenidas son, a menudo beneficiosas desde el punto de vista de la inhibición del moho.

10

Introducción al Automation Studio

10.1 Generalidades.

Automation Studio es un programa de concepción, animación y simulación de sistemas diversos. Ha sido creado para responder a las necesidades de ingeniería, formación y concepción en el campo de la automatización.

Su sistema de base contiene tres menús de utilidades:

- Un editor de esquemas: Permite realizar esquemas de simulación y crear los informes correspondientes.

- Un explorador de proyectos: Permite la gestión y clasificación de todo documento relacionado con un esquema de simulación.

- Un explorador de bibliotecas: Administra y provee bibliotecas de símbolos que sirven para realizar los esquemas de los proyectos.

10.2 Orden de las operaciones.

La Figura 10.1 expone de forma clara y concisa el funcionamiento del programa Automation Studio.

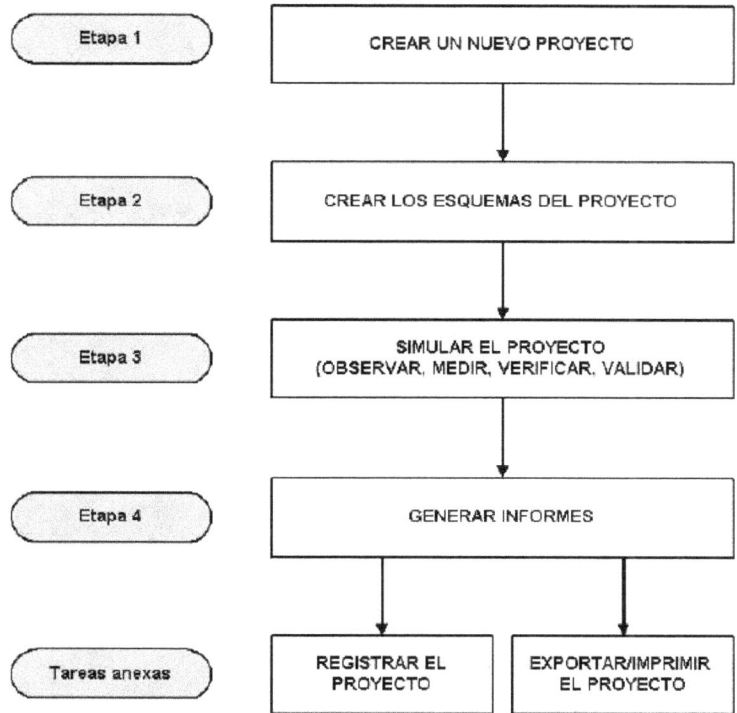

Figura 10.1: Diagrama de funcionamiento del programa.

10.3 Puesta en marcha.

Al pulsar sobre el icono de Automation Studio, la ventana se abre sobre un proyecto que contiene un esquema virgen (Figura 10.2), muestra las barras de herramientas asociadas al Editor de Esquemas y a los exploradores de Bibliotecas y de Proyectos.

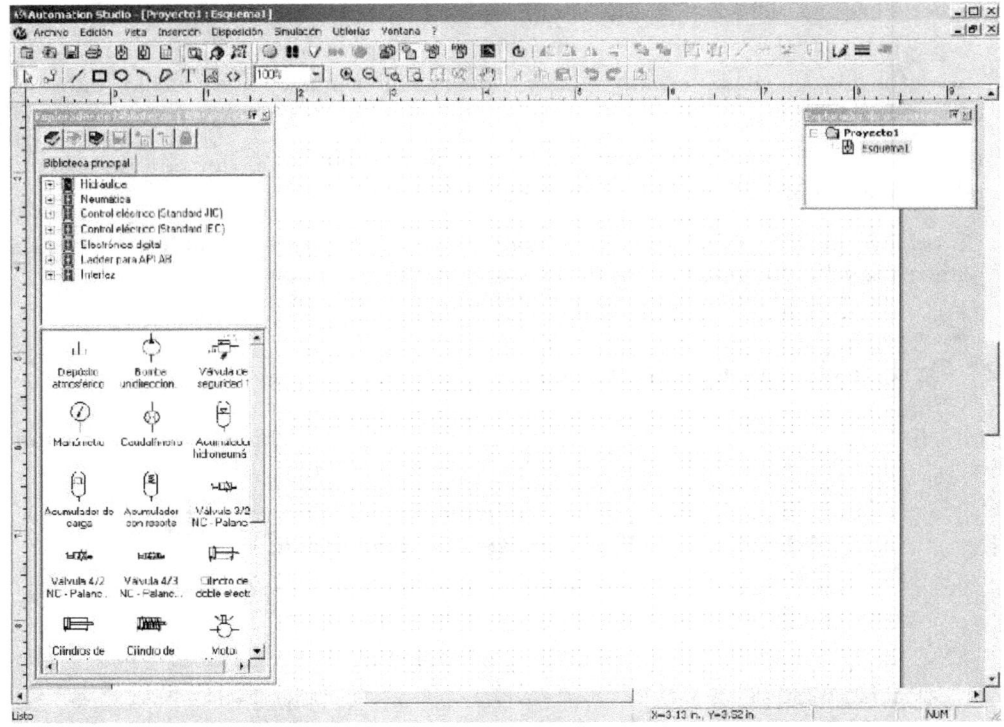

Figura 10.2: Ventana inicial del programa.

10.4 Barras de herramientas.

Las Figuras 10.3 a 10.7 ilustran y describen el contenido de las diferentes barras de herramientas:

- Barra de herramientas Proyecto. Contiene los botones que operan los comandos más utilizados en el explorador de proyectos o en el editor de esquemas.

- Barra de herramientas Edición. Aparece por defecto si hay un esquema activo.

- Barra de herramientas Simulación.

- Barra de herramientas Inserción.

- Barra de herramientas Disposición.

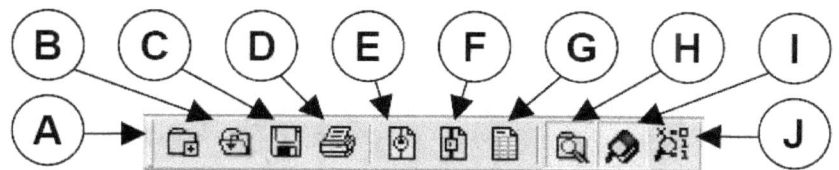

Figura 10.3: Barra de herramientas Proyecto.

Ítem	Comando	Descripción
A	Nuevo Proyecto	Crea un nuevo proyecto
B	Abrir	Abre un proyecto ya existente
C	Guardar	Guarda el proyecto
D	Imprimir	Da la orden de impresión
E	Nuevo esquema	Crea un nuevo esquema estándar
F	Nuevo informe	Crea un nuevo documento de tipo formulario de pedido
G	Nuevo Grafcet	Crea un nuevo taller no estándar
H	Explorador de proyectos	Abre o cierra la ventana de explorador de proyectos
I	Explorador de bibliotecas	Abre o cierra la ventana de explorador de bibliotecas
J	Adm. de variables	Abre o cierra la ventana de administrador de variables

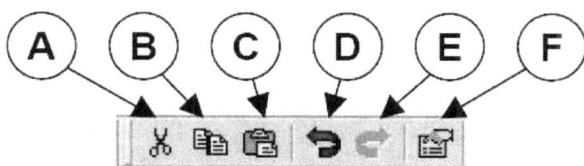

Figura 10.4: Barra de herramientas Edición.

Ítem	Comando	Descripción
A	**Cortar**	Suprime la selección para ubicarla en el portapapeles
B	**Copiar**	Copia la selección en el portapapeles
C	**Pegar**	Inserta el contenido del portapapeles en un esquema
D	**Anular**	Anula la última operación efectuada
E	**Rehacer**	Rehace la última operación anulada
F	**Propiedades**	Muestra la ventana de diálogo Propiedades de componente

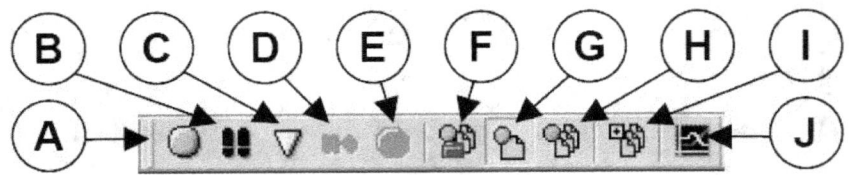

Figura 10.5: Barra de herramientas Simulación.

Ítem	Comando	Descripción
A	Normal	Simula un circuito en velocidad normal
B	Paso a paso	A cada pulso simula un ciclo del circuito
C	Cámara lenta	Simula en cámara lenta
D	Pausa	Suspende la simulación
E	Parar	Para la simulación
F	Simulación proyecto	Selección de todos los esquemas del proyecto activo
G	Simulación esquema activo	Selección el esquema activo al comienzo de la simulación
H	Simulación selección	Ejecuta la simulación de los ítems seleccionados
I	Ítems a simular	Abre la ventana de diálogo de selección de esquemas
J	Monitorización	Abre o cierra la ventana de la monitorización

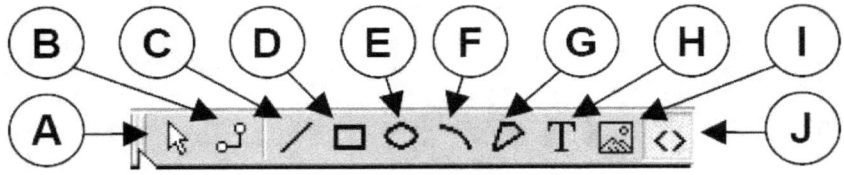

Figura 10.6: Barra de herramientas Inserción.

Ítem	Comando	Descripción
A	Selección	Permite la selección de un ítem en el espacio de trabajo
B	Enlaces	Crea enlaces tecnológicos
C	Línea	Dibuja una línea
D	Rectángulo	Dibuja un rectángulo
E	Elipse	Dibuja una elipse
F	Arco	Dibuja un arco
G	Polígono	Dibuja un polígono
H	Texto	Inserta zonas donde poder escribir textos
I	Imagen	Inserta una imagen
J	Campo	Inserta un campo

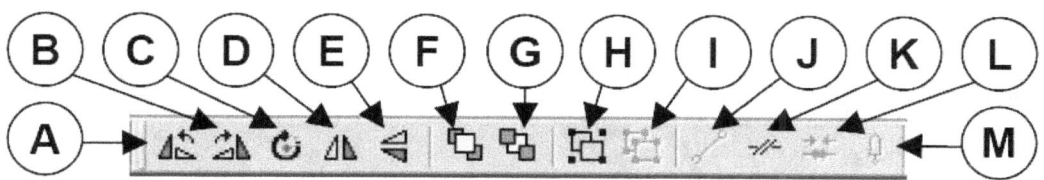

Figura 10.7: Barra de herramientas Disposición.

Ítem	Comando	Descripción
A	Rotación Izquierda de 90°	Giro de 90° en sentido antihorario
B	Rotación Derecha de 90°	Giro de 90° en sentido horario
C	Rotación libre	Con la ayuda de manijas permite el giro de la selección
D	Espejo vertical	Invierte la selección sobre su eje vertical
E	Espejo horizontal	Invierte la selección sobre su eje horizontal
F	Primer plano	Envía la selección a primer plano
G	Fondo	Envía la selección al fondo
H	Agrupar	Agrupa los elementos seleccionados
I	Desagrupar	Desagrupa los elementos seleccionados
J	Enlace directo	Obtiene una conexión directa entre dos elementos
K	**Cortar** enlace	Corta un enlace en dos o más segmentos
L	Unir enlaces	Reúne dos enlaces distintos ligados por una conexión
M	Convertir enlace	Convierte un enlace en dos envíos con la misma carpeta

10.5 Monitorización.

Permite visualizar durante la simulación la evolución temporal de diferentes variables en forma de gráfico. Varias variables de diferentes componentes pueden ser visualizadas simultáneamente en un mismo gráfico

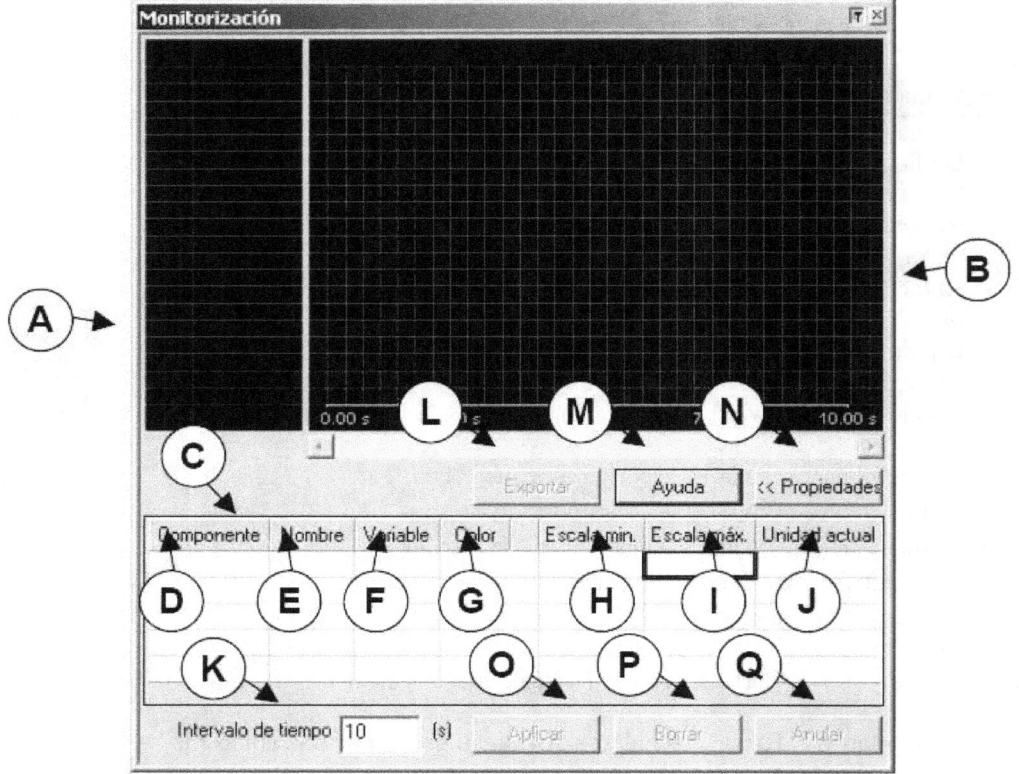

Figura 10.8: Cuadro de Monitorización.

Ítem	Comando	Descripción
A	Escala	Muestra el eje de las Y de cada una de las variables
B	Gráfico	Zona de trazado de las curvas de evolución temporal
C	Lista de propiedades	Representación modificable de la lista de las propiedades de las variables.
D	Componente	Muestra en la lista el identificador interno del componente. Valor no modificable.
E	Nombre	Muestra el nombre del componente. Valor no modificable
F	Variable	Muestra el nombre de la variable. Valor no modificable
G	Color	Muestra el color definido por defecto que identifica la variable y su curva. Valor modificable.
H	Escala mínimo	Muestra el valor mínimo trazable de la variable asociada. Se atribuye por defecto un valor mínimo a cada variable. Valor modificable
I	Escala máximo	Muestra el valor máximo trazable de la variable asociada. Se atribuye por defecto un valor máximo a cada variable. Valor modificable
J	Unidad actual	Muestra el valor de las unidades de medida del componente. Valor no modificable.
K	Intervalo de tiempo	Muestra el valor del intervalo de tiempo visible en el gráfico para el conjunto de las variables trazadas. Valor modificable y expresado en segundos.
L	Exportar	Exporta el gráfico de curvas en formato .txt
M	Ayuda	Muestra la ayuda correspondiente a la ventana
N	Propiedades	Botón que da acceso a la zona de propiedades modificables o no modificables de las variables.
O	Aplicar	Permite ejecutar una modificación o una supresión y aplicarla al gráfico o al intervalo. Este botón puede ser utilizado en cada modificación o de una vez por todas.
P	Borrar	Permite retirar de la tabla la variable seleccionada.
Q	Anular	Permite anular una modificación o una supresión.

Tabla 10.1: Cuadro de Monitorización.

10.6 Explorador de bibliotecas.

El explorador de bibliotecas ofrece toda una gama de componentes oleohidraúlicos, neumáticos, de control eléctrico, etc. Permite seleccionar los elementos necesarios para la construcción de un circuito funcional. Permite también crear y administrar nuevas bibliotecas y componentes según la exigencia del usuario.

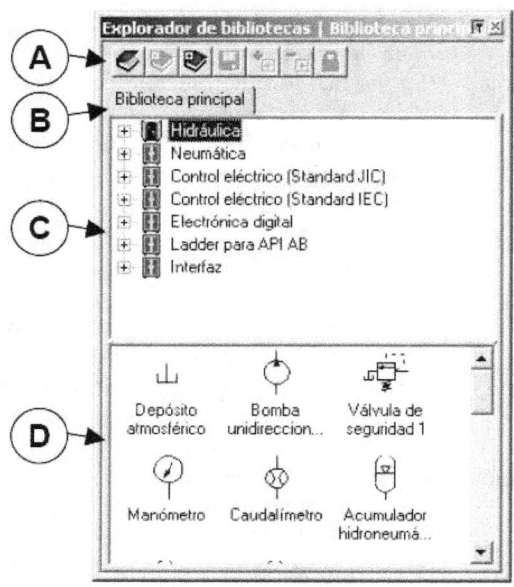

Figura 10.9: Cuadro de apertura del Explorador de Bibliotecas.

Ítem	Comando	Descripción
A	Barra de herramientas	Barra de herramientas que permite la gestión y creación de las bibliotecas y los componentes
B	Tabuladores	Los tabuladores permiten seleccionar la biblioteca correspondiente a las exigencias del gráfico para facilitar la creación de circuitos
C	Ventana biblioteca	Muestra el árbol de búsqueda y permite seleccionar subgrupos, familias de talleres especializados como oleohidráulico, neumático...
D	Ventana componente	La ventana componentes permite ver y seleccionar los componentes necesarios para la creación de un circuito.

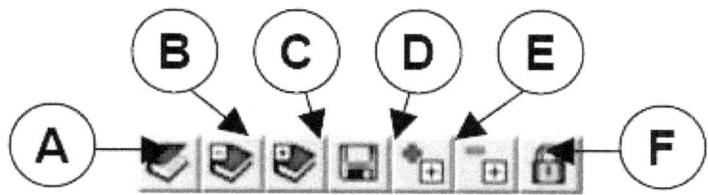

Figura 10.10: Barra de herramientas. Explorador de bibliotecas

Ítem	Comando	Descripción
A	Abrir biblioteca	Permite al usuario seleccionar una de las bibliotecas disponibles.
B	Cerrar biblioteca	Permite al usuario cerrar una de las bibliotecas disponibles.
C	Crear biblioteca	Permite al usuario crear un biblioteca adaptada a las exigencias de su proyecto.
D	Guardar biblioteca	Permite al usuario registrar las bibliotecas personalizadas
E	Crear categoría	Permite al usuario crear una categoría de componentes adaptada a las exigencias de su proyecto
E	Suprimir categoría	Permite al usuario suprimir una categoría de componentes
F	Bloquear/desbloquear	Permite al usuario bloquear/desbloquear una biblioteca personalizada para impedir que sea suprimida por error

Para crear una biblioteca personalizada es necesario tener claro para que campo de trabajo se va a emplear.

El primer paso es darle nombre a la biblioteca, en este caso se le dará el nombre de la empresa ejemplo, hacer clic en el botón crear biblioteca y dar el nombre correspondiente. Se supondrá, a modo de ejemplo ejemplo, que el campo de utilización será una empresa de fabricación de transpaletas (Figura 10.11).

Una vez introducido el nombre, éste aparecerá en una pestaña colocada al lado de la pestaña de **biblioteca principal** en el menú explorador de bibliotecas. Dentro de ésta se supondrá que se utilizaran dos campos de técnicas de aplicación:

- la oleohidráulica

- la electricidad

Por lo tanto, todos los componentes relacionados con estas dos categorías tendrán que ser archivados en dos carpetas o categorías dentro de la nueva biblioteca, para ello pulsar sobre el icono nueva categoría y nombrar las dos nuevas categorías (Figura 10.12, Figura 10.13).

Llegado a este punto es aconsejable pulsar el icono de **Guardar** para no perder lo realizado hasta ahora.

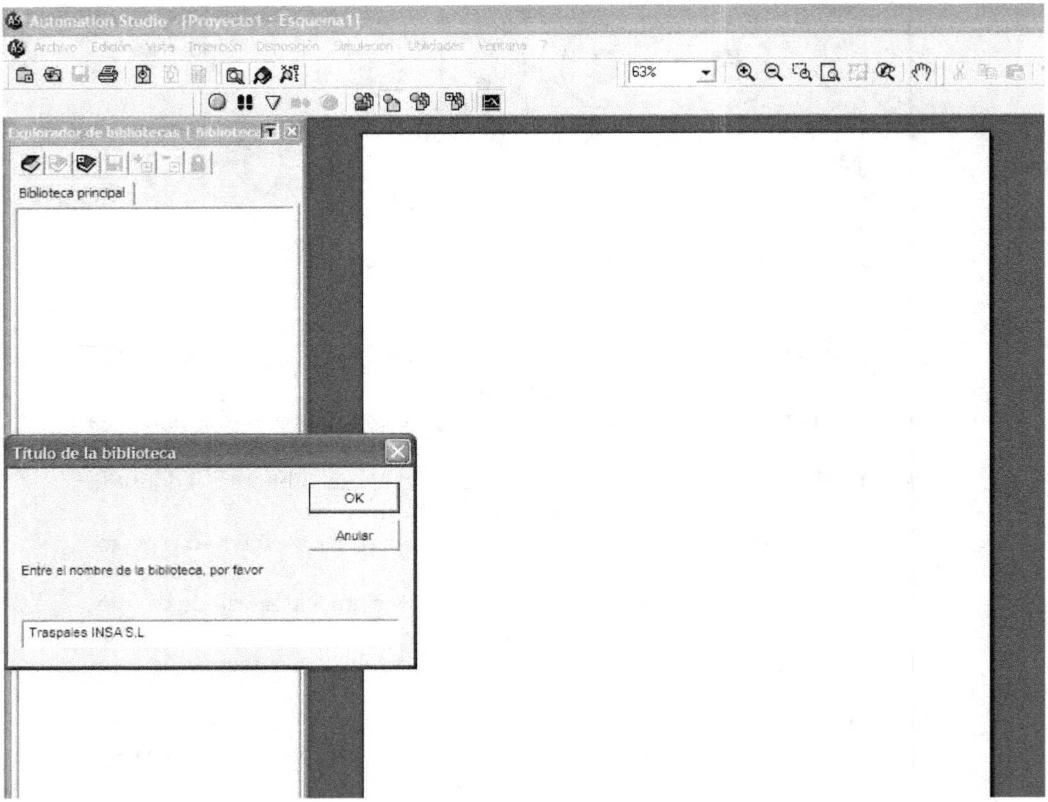

Figura 10.11: Titulo de la nueva biblioteca.

Figura 10.12: Creación de una nueva categoría.

El siguiente paso es introducir todos los elementos que son necesarios para la construcción del ejemplo seleccionado para simplificar el sistema se utilizará únicamente las dos categorías nombradas: electricidad y oleohidráulica.

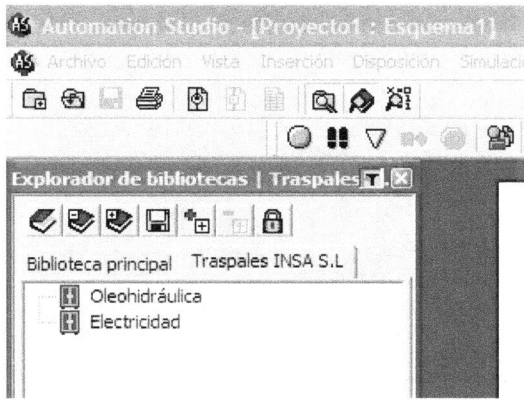

Figura 10.13: Categorías elegidas.

A modo de ejemplo, se incluirán dos subcategorías dentro de la categoría oleohidráulica. Para ello se deben realizar las siguientes operaciones:

1. Abrir la **biblioteca principal**.

2. Pulsar sobre el icono **abrir biblioteca**.

3. Seleccionar **biblioteca principal**.

4. Pulsar en el icono **abrir** (Figura 10.14).

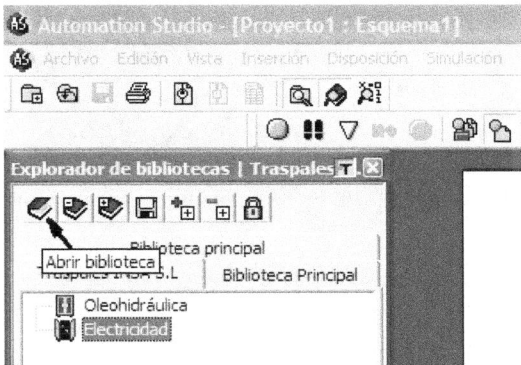

Figura 10.14: Primeros pasos

5. Trasladar las subcategorías que nos interesan a la biblioteca nueva creada.

A modo de ejemplo, para continuar con el procedimiento del modo de creación de nuestra biblioteca se introducirá una subcategoría denominada **Bombas**. Las operaciones a realizar son:

1. Crear dentro de la categoría oleohidráulica, la subcategoría bombas (Figura 10.15, Figura 10.16).

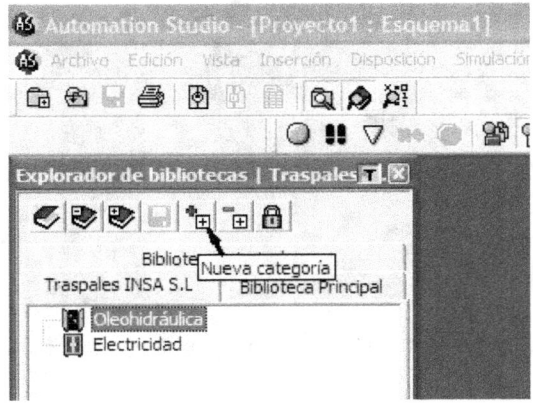

Figura 10.15: Creación de una nueva subcategoría.

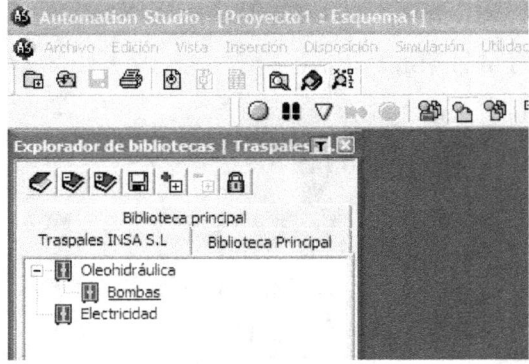

Figura 10.16: Creación de la nueva subcategoría bombas.

2. Introducir los elementos en la subcategoría seleccionada (Figura 10.17). El procedimiento general a realizar es:

   a) Extraer los grupos de elementos de las subcategorías posibles a utilizar de la **biblioteca principal**.

   b) Seleccionar cada uno de los grupos de elementos de la categoría **Bombas** de la **biblioteca principal**.

   c) Pulsar en el submenú de la subcategoría **Copiar**.

   d) Ir a la biblioteca nueva Traspales INSA SL.

   e) Seleccionar la subcategoría creada anteriormente denominada **Bombas**.

   f) Abrir el submenú con el botón derecho.

   g) Pulsar en el menú desplegable la operación **Pegar**.

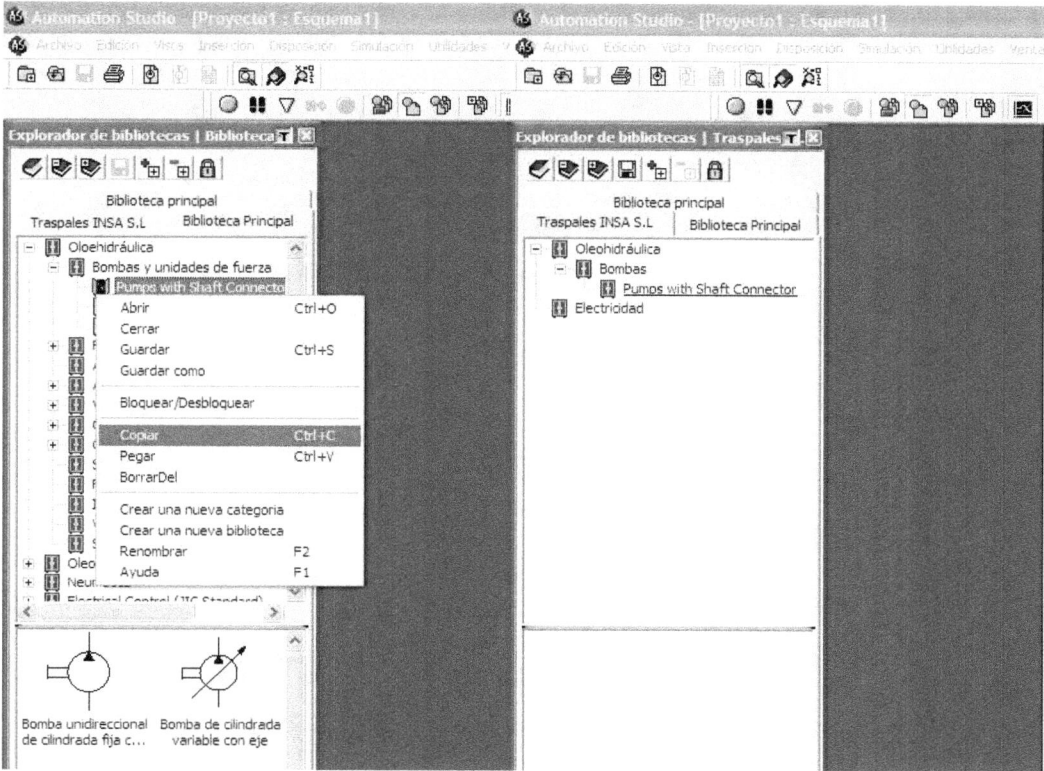

Figura 10.17: Introducción de los elementos posibles a utilizar en la nueva subcategoría.

Llegado a este punto es aconsejable pulsar sobre la operación **Guardar** para evitar que se borren los avances realizados en la biblioteca ejemplo.

Este ha sido el proceso de creación de una biblioteca personalizada sencilla, cada usuario deberá formar su propia biblioteca actualizable para un uso coherente y comprensible del programa, ya que no todas las empresas utilizan las mismas categorías, subcategorías y elementos.

11

Prácticas de laboratorio

Práctica 1. Movimiento controlado de un actuador lineal

- Descripción del problema:

  El ejercicio explica como realizar de forma controlada el movimiento de un actuador lineal, caso cilindro. Mediante el empleo de un único actuador se puede elevar la masa de un conjunto.

- Descripción de la solución

  Mediante el empleo de una válvula by-pass (= reguladora de caudal + válvula antirretorno), es posible regular la descarga de la cámara interna del pistón (llenada durante la etapa de elevación de la carga), esto permite:

    - Un descenso menos brusco, más suave de la carga.

    - Mayor control del descenso de la carga.

  Gracias al montaje de una válvula antirretorno pilotada, es posible impedir el descenso de la masa ante la falta de presión por parte de la bomba o a través del circuito (fugas considerables, fallo eléctrico, etc.).

  Como solución permanente al problema de la falta de presión necesaria para el pilotaje de la válvula antirretorno, se incluye un Chiclé fijo (situado en una posición posterior a la válvula de distribución), con un tarado de restricción de paso capaz de aumentar la presión hasta alcanzar la presión de pilotaje del antirretorno.

- Esquema: ver Figura 11.1

- Elementos empleados en el montaje:

Ítem	Denominación	Descripción
1,8	Tanque	
2	Filtro de aspiración.	
3	Motor eléctrico	
4	Bomba 5	Válvula Antirretorno
6	Válvula de 4/2 vías, accionada manualmente.	
7	Chiclé.	Regulador de caudal permanente.
9,13	Manómetros.	
10	Cilindro oleohidráulico de doble efecto.	
11	Válvula by-pass. Reguladora de caudal + válvula antirretorno	
12	Válvula antirretorno pilotada por presión.	
14	Válvula limitadora de presión	
	Peso a mover.	
	Elementos de conexión como manguera flexible y derivaciones en T.	

- Mejoras a la solución propuesta:

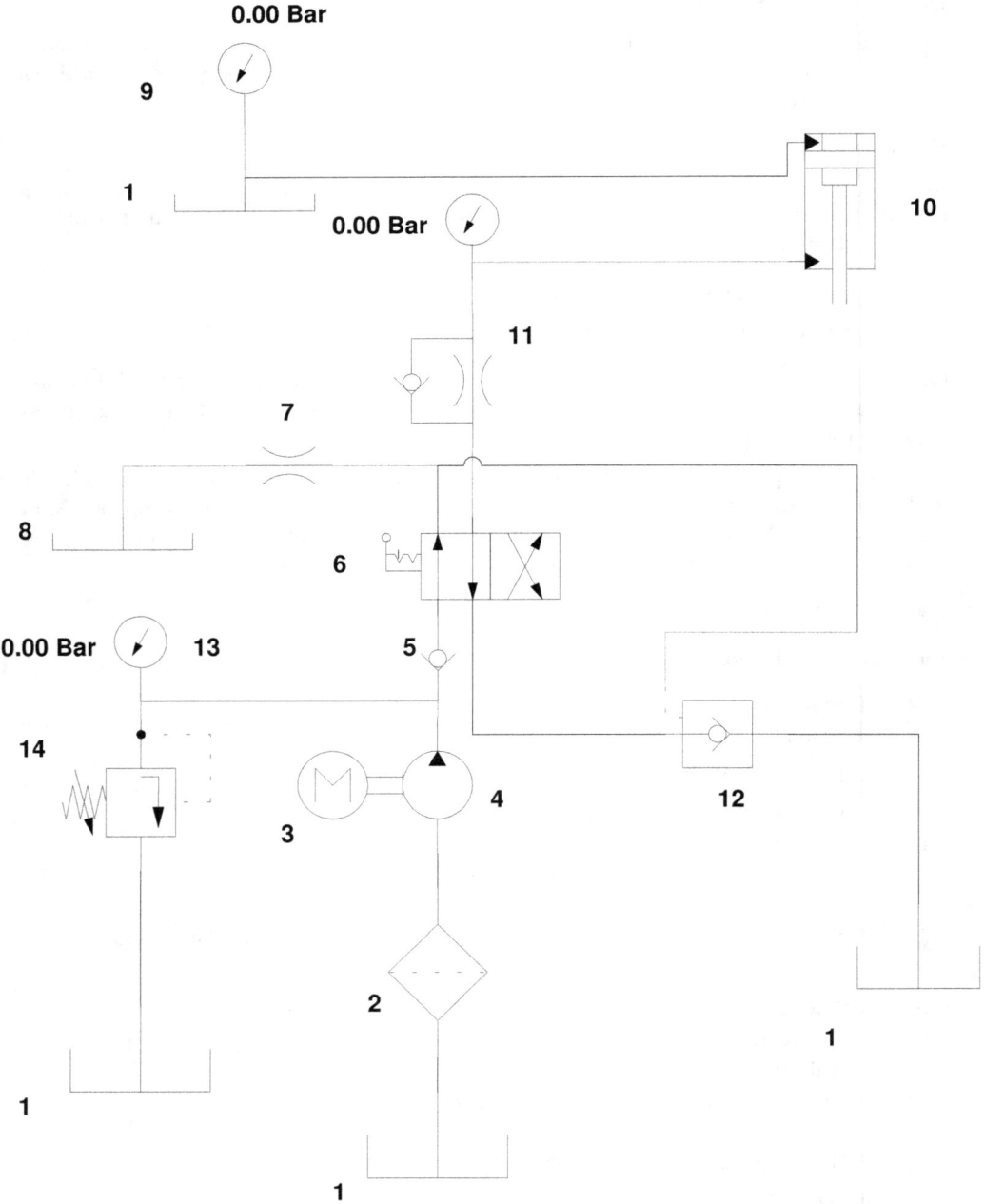

Figura 11.1: Esquema del circuito hidráulico

La válvula antirretorno pilotada, se colocará lo más cercana posible al cilindro (no es el caso del esquema anexo).

Aunque la función a realizar se cumpla situándose la referida válvula alejada del cilindro, de esta forma se aprecian efectos de compresibilidad del fluido así como dilataciones de los componentes que producen como efecto: un pequeño descenso de la carga. De este modo, al encontrarse separada del cilindro, la carga también descendería ante una posible rotura de algún elemento intermedio.

Como última alternativa al circuito, se puede conseguir efectos similares sustituyendo la válvula distribuidora 4/2 vías por una 4/3 vías (con una posición intermedia cerrada), no siendo necesario incluir la válvula antirretorno pilotada. Consiguiendo, gracias a la posición intermedia, que la masa no descienda. Esta opción, no es muy fiable ya que es susceptible de un descenso no deseado de la masa debido al efecto del desgaste del émbolo interno o corredera del distribuidor por su correspondiente holgura y pérdidas internas.

- Explicación del montaje:

Durante el montaje se incluyen ciertos elementos que intentan mejorar la efectividad del circuito, tales como:

La utilización de una válvula by-pass compuesta por un regulador de caudal montado en paralelo junto a una válvula antirretorno, proporciona al circuito un mayor control de la velocidad de descarga del actuador.

Se procede al montaje de un regulador de caudal o chiclé en la línea de descarga a tanque con la finalidad de elevar, en cierta medida, la presión existente en el circuito y sea, de esta manera, posible llevarse a cabo el pilotaje de la válvula antirretorno pilotada (12). Ya que ante una descarga libre del caudal a tanque, no se consigue realizar este pilotaje de la válvula.

Práctica 2. Regulación de la velocidad de giro de un motor oleohidraulico mediante reguladores de caudal

- Descripción del problema:

  En esta práctica se pretende instalar un dispositivo oleohidráulico que permita controlar y hacer variar la velocidad de giro de un motor oleohidráulico bidireccional.

  El dispositivo permitirá una regulación o alternancia entre dos regímenes distintos de giro del motor, conectado éste de forma unidireccional.

  El diseño de este circuito se realizará para ser incluido dentro de una instalación en la que el suministro de caudal se llevará a cabo mediante una bomba de cilindrada constante.

- Descripción de la solución

  La solución propuesta consta de la instalación de una válvula reductora de caudal en la línea de alimentación del motor oleohidráulico, controlándose de esta manera el flujo de fluido que alimenta el componente, y con esto una regulación del régimen de giro del motor.

  En el esquema que se adjunta, puede apreciarse el montaje de válvulas antirretorno (7), esto corresponde con el tipo de conexión de alimentación doble que se ha incluido, capaz de producir esta alternancia entre las dos velocidades de giro disponibles.

  Este elemento ó válvula reguladora de caudal es uno de los mecanismos utilizados más habitualmente para conseguir una regulación del flujo de paso a través de los tubos de conexión entre elementos. Aunque también cabe nombrar los efectos no tan beneficiosos producidos en el circuito por estos componentes (ver apartado explicación del montaje).

- Esquema: ver Figura 11.2

- Elementos empleados en el montaje:

Ítem	Denominación
1	Tanque
2	Filtro de aspiración.
3	Motor eléctrico
4	Bomba.
5	Válvula limitadora de presión (válvula de seguridad)
6	Válvula 4/3 vías, de accionamiento manual.
7	Válvula by-pass. Reguladora de caudal + válvula antirretorno
9	Intercambiador de calor
8	Motor oleohidráulico bidireccional.
10	Filtro de descarga con antirretorno en bypass.
	Manómetros.
	Elementos de conexión como manguera flexible y derivaciones en T.

- Explicación montaje:

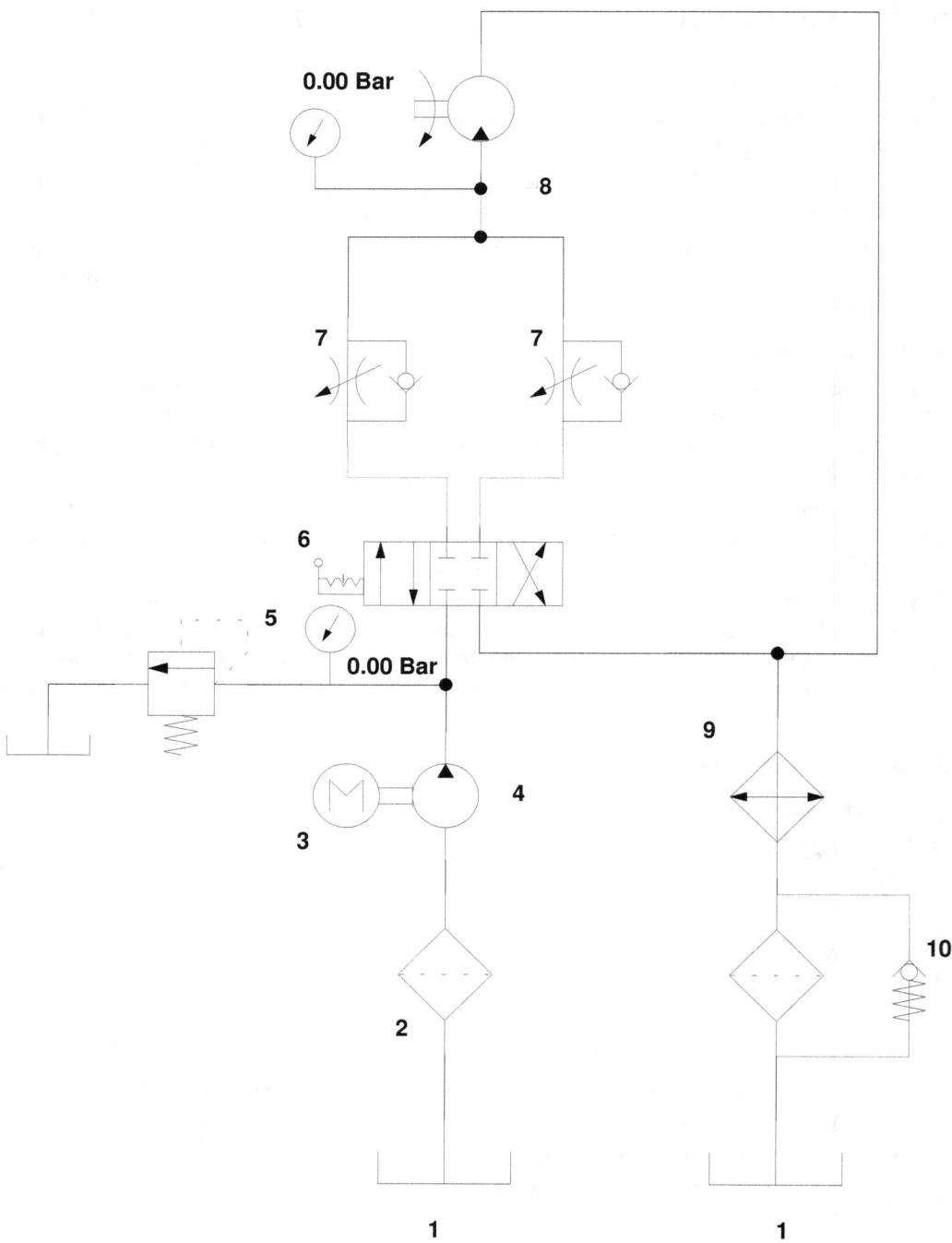

Figura 11.2: Esquema del circuito hidráulico

Debido a los elementos disponibles en el banco de ensayos, se ha montado el circuito mediante la utilización de dos válvulas reguladoras de caudal conectadas a dos válvulas antirretorno en serie respectivamente.

Consiguiéndose de esta manera el control del régimen de giro del motor oleohidráulico bidireccional que se ha conectado a la instalación de forma unidireccional, permitiendo la elección de cada uno de los regímenes de giro mediante los dos enclavamientos de paso de flujo disponibles en la válvula distribuidora.

Este tipo de montaje corresponde a una solución eficaz al problema que se propone, aunque cabría nombrar las consecuencias negativas que conlleva el mismo:

1. Debido a estas restricciones de paso, la presión del sistema aumenta considerablemente en los ramales de conexión que llegan a las válvulas reguladoras de caudal.

2. Produciendo con esto, un aumento de la temperatura y la correspondiente degradación de las propiedades del aceite en circulación.

Práctica 3. Regulación de la velocidad de giro de un motor oleohidráulico mediante una válvula limitadora de presión

- Descripción del problema:

  En esta práctica se pretende instalar un dispositivo que permita controlar y hacer variar la velocidad de giro de un motor oleohidráulico bidireccional.

  El diseño de este circuito se realizará para ser incluido dentro de una instalación en la que el suministro de caudal se llevará a cabo mediante una bomba de cilindrada constante.

- Descripción de la solución:

  Mediante el empleo de la válvula limitadora de presión junto a la conexión by-pass se consiguen distintos comportamientos del caudal, siempre dependiendo de la presión de tarado de la válvula reductora de presión. Casos posibles:

  - En el caso de haber reducido la presión del circuito mediante la válvula limitadora de presión a valores muy pequeños, se desvía una parte importante del caudal de suministro que directamente retorna a tanque. El efecto de esta división de caudal es la disminución correspondiente del régimen de giro del motor oleohidráulico.

  - En el caso de un giro del motor en vacío, el caudal de suministro llega al motor mediante la conexión paralela a la válvula (by-pass), encontrándose por esta variante una menor restricción de paso. En el momento se aplica un par de frenado en el eje del motor, se eleva la presión en el circuito, ésta es capaz de activar la corredera de la válvula limitadora de presión y retornar parte del caudal del circuito, teniendo como efecto la disminución de la velocidad de giro del motor. (Nota: el efecto no se aprecia con bombas de caudal variable).

- Esquema: ver Figura 11.3

- Elementos empleados en el montaje:

Ítem	Denominación
1	Tanque
2	Filtro de aspiración.
3	Bomba.
4	Motor eléctrico
5	Válvula limitadora de presión (válvula de seguridad)
6	Válvula antirretorno.
7	Válvula 2/2 vías, de accionamiento manual
8	Válvula limitadora de presión
9	Motor oleohidráulico bidireccional.
10	Filtro de descarga con antirretorno en bypass.
	Manómetros.
	Elementos de conexión como manguera flexible y derivaciones en T.

- Gráficas características de bombas y motores oleohidráulicos: ver Figura 11.4, Figura 11.5, ??.

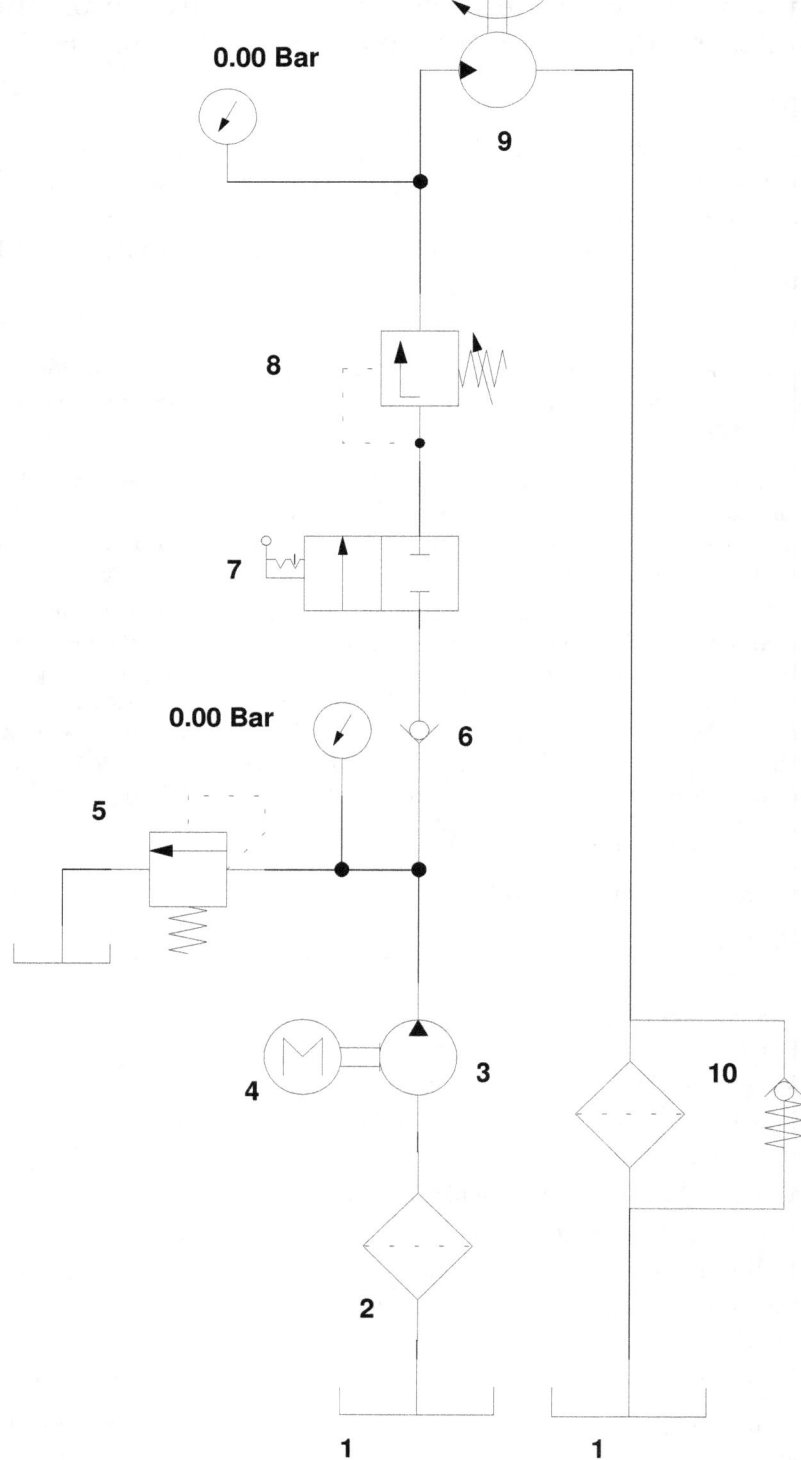

Figura 11.3: Esquema del circuito hidráulico

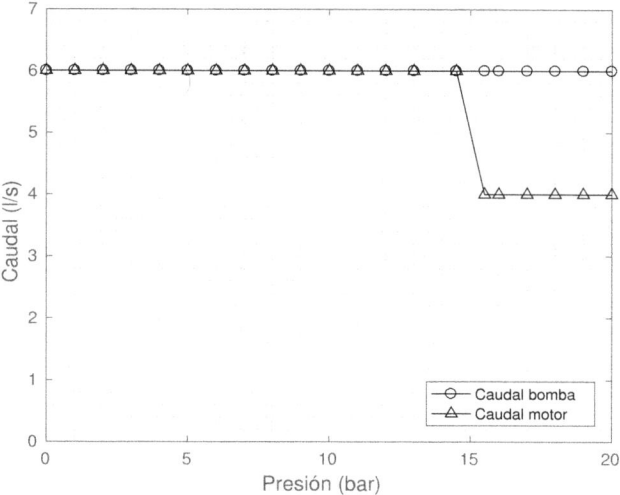

Figura 11.4: Comportamiento de la bomba y del motor de caudal constante

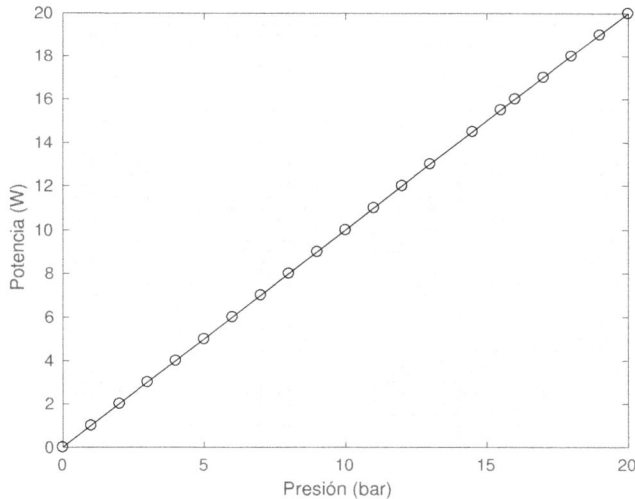

Figura 11.5: Comportamiento del motor (potencia vs presión)

- Explicación montaje:

  Se montará una válvula distribuidora 4/2 vías ya que no se dispone de una 2/2 en la relación de componentes del banco de ensayos. (No se incluye el esquema de la instalación ensayada puesto que no se diferencia en gran medida respecto de la incluida en la sección esquema).

Durante el ensayo de este circuito, se comprobará la diferencia entre las distintas posibilidades de tarado de la válvula limitadora de presión, consiguiendo con esto los diferentes efectos explicados dentro del apartado descripción de la solución.

Práctica 4. Circuito acumulativo. Compensación de fugas.

- Descripción del problema:

  Un problema habitual que aparece en los circuitos oleohidráulicos es el alto número de pérdidas de caudal y su correspondiente caída de presión localizadas en los distintos elementos que componen el circuito. Un ejemplo típico es la utilización de válvulas distribuidoras de corredera en las que es usual la falta de total estanqueidad en los asientos apareciendo retornos indeseados a tanque.

  El montaje descrito a continuación intenta compensar los efectos negativos que aparecen en estos circuitos de oleohidráulica descritos en el párrafo anterior.

- Descripción de la solución:

  El circuito que se ha propuesto como solución al referido problema contiene, como elemento a destacar, un acumulador de diafragma. Este dispositivo es capaz de reducir la caída de presión que se aprecia en los elementos consumidores de caudal y es el efecto de las distintas fugas y retornos indeseados de caudal hacia tanque que se producen a lo largo de toda la instalación.

  Durante el proceso de carga de dicho acumulador (estado izquierdo de la válvula distribuidora que acompaña al dispositivo), se comprime el volumen de gas contenido dentro de éste y está separado del aceite oleohidráulico mediante una membrana o diafragma interno.

- Esquema: ver Figura 11.3

- Elementos empleados en el montaje:

Ítem	Denominación
1	Tanque.
2	Filtro de aspiración.
3	Bomba.
4	Motor eléctrico.
5	Válvula limitadora de presión (válvula de seguridad).
6	Válvula antirretorno.
7	Grifo.
8	Válvula distribuidora 3/2.
9	Acumulador de presión.
10	Válvula de descarga
11	Válvula 4/2 vías, de accionamiento manual.
12	Cilindro oleohidráulico de doble efecto.
13	Válvula by-pass. Reguladora de caudal + válvula antirretorno
14	Filtro de descarga con antirretorno en bypass.
	Manómetros.
	Elementos de conexión como manguera flexible y derivaciones en T.

- Explicación de montaje:

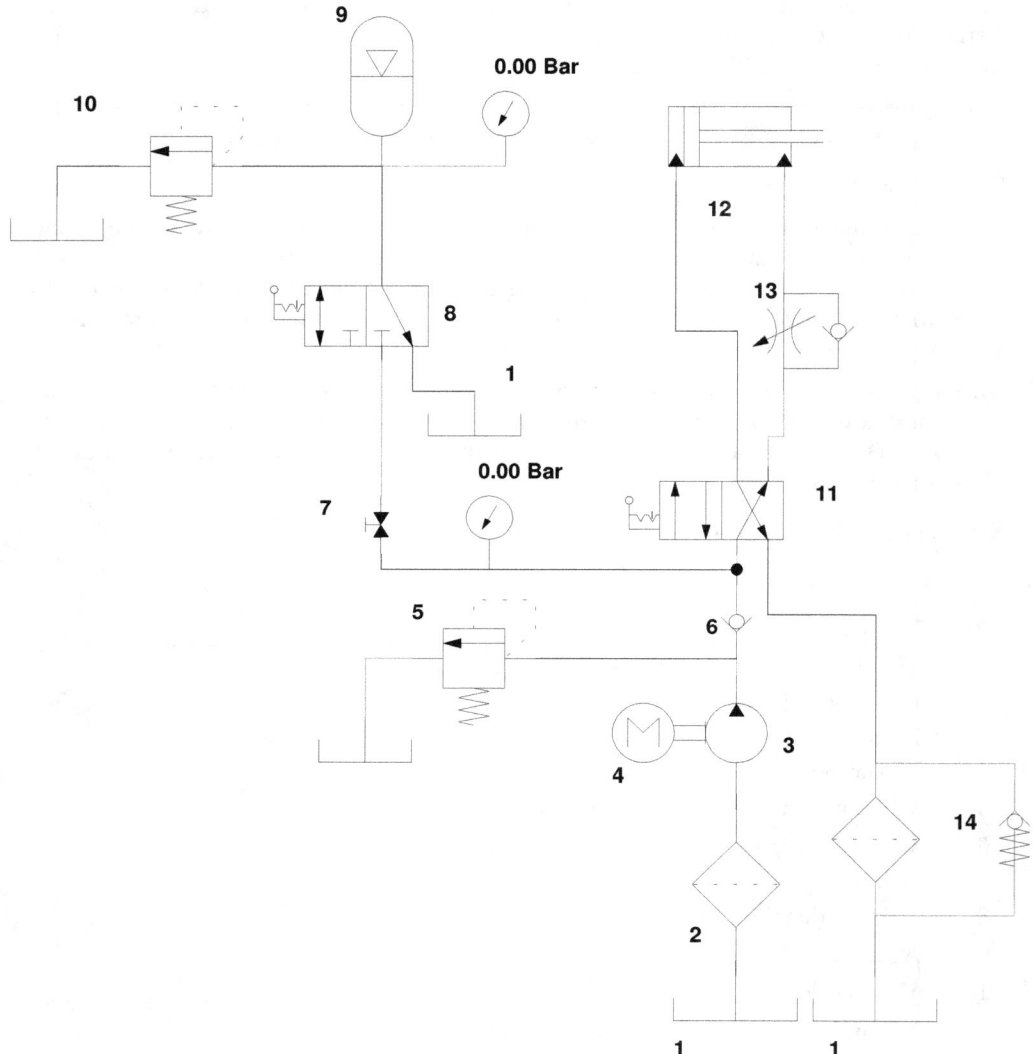

Figura 11.6: Esquema del circuito hidráulico

El tarado o reglaje de las válvulas limitadoras de presión que se incluyen en el circuito juegan un papel fundamental en la consecución de los efectos requeridos.

Mediante el tarado, de la válvula limitadora que se incluye dentro del conjunto del acumulador de diafragma, en un valor mayor respecto al que se regule la válvula limitadora de presión incluida en la bomba, y gracias a la válvula antirretorno(intercalada antes del acumulador), se consigue que el circuito sea efectivo.

Comprobándose cómo el acumulador de diafragma funciona como un elemento estabilizador de presión, haciendo una descarga del caudal contenido en su interior, ante la posible presencia de distintas pérdidas de caudal a lo largo del circuito, impidiendo, de éste modo, una caída brusca de la presión requerida.

Práctica 5. Circuito acumulador. Montaje para sistema de emergencia

- Descripción del problema:

    El accionamiento del vástago de un cilindro corresponde a un circuito bastante simple y sin complicación aparente a destacar. Aunque este tipo de montaje se convierte en una aplicación totalmente inservible ante un fallo en el sistema eléctrico (que nos proporciona el suministro de caudal aportado por la bomba), precisándose en esta práctica una solución al mismo. Este tipo de fallo se trata de evitar en aplicaciones que requieran un cierto grado de seguridad y responsabilidad.

- Descripción de la solución:

    El circuito que se ha propuesto como solución al problema descrito contiene, como elemento a destacar, un acumulador de diafragma. Este dispositivo es capaz de accionar, por sí mismo, todo el sistema oleohidráulico ante un posible fallo en el suministro eléctrico.

    Durante el proceso de carga de dicho acumulador (estado izquierdo de la válvula distribuidora que acompaña al dispositivo), se comprime el volumen de gas contenido dentro de éste y separado del aceite oleohidráulico mediante una membrana o diafragma interno.

    Ante un fallo en el suministro de caudal y como consecuencia la pérdida de la presión en el sistema, se produce una expansión del gas previamente comprimido junto al correspondiente desplazamiento del aceite contenido en el depósito a presión. Este sistema auxiliar de accionamiento oleohidráulico es capaz de realizar un cierto número de ciclos completos del circuito.

- Esquema: ver Figura 11.7

- Elementos empleados en el montaje:

Ítem	Denominación
1	Tanque.
2	Filtro de aspiración.
3	Bomba.
4	Motor eléctrico.
5	Válvula limitadora de presión (válvula de seguridad).
6	Válvula antirretorno.
7	Grifo.
8	Válvula distribuidora 3/3.
9	Acumulador de presión.
10	Válvula de descarga
11	Válvula 4/2 vías, de accionamiento manual.
12	Cilindro oleohidráulico de doble efecto.
13	Válvula by-pass. Reguladora de caudal + válvula antirretorno
14	Filtro de descarga con antirretorno en bypass.
	Manómetros.
	Elementos de conexión como manguera flexible y derivaciones en T.

- Explicación montaje:

La válvula de distribución conectada junto al acumulador, nos permite que es mismo trabaje respecto a 3 posiciones distintas:

- En la posición central de la misma, se consigue un bloqueo total del paso de aceite hacia el acumulador o viceversa.

- En la posición izquierda, se permite un estado de carga del acumulador, capaz de adquirir una presión igual a la tarada mediante la válvula limitadora de presión que se encuentra inmediatamente a continuación del mismo y además, protege al acumulador frente a sobrepresiones.

- La posición derecha de la distribuidora permite la descarga del elemento presurizado, y el empleo de su presión contenida para el accionamiento del resto de dispositivos.

La colocación de una válvula antirretorno en una posición previa al acumulador impide que, durante la descarga de éste, no sea capaz de realizar una inversión de giro a través de los engranajes de la bomba y se produzca una avería grave en el motor de accionamiento de dicha bomba.

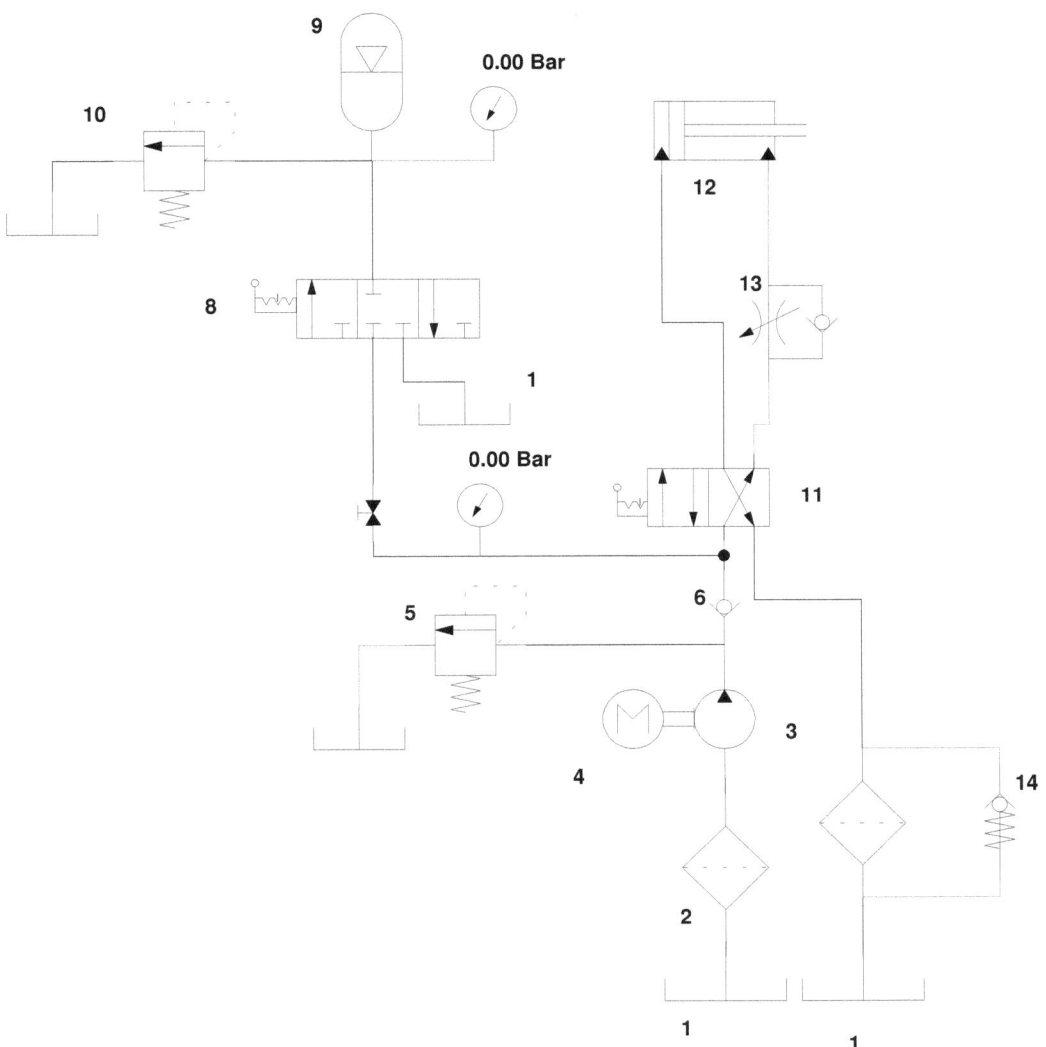

Figura 11.7: Esquema del circuito hidráulico

Práctica 6. Circuito oleohidráulico correspondiente al accionamiento de una unidad de prensa

- Descripción del problema:

  El desarrollo de esta práctica corresponde al sistema oleohidráulico tipo que puede accionar a una prensa. Existen multitud de variantes según los parámetros y condicionantes de prensado que se utilicen.

  Durante la ejecución de los movimientos necesarios, se precisará que la máquina sea capaz de elaborar, única y exclusivamente, dos avances lineales en sentidos opuestos: una operación prensado y otra de apertura.

  El esquema precisado permitirá una regulación de la velocidad de ascenso de la unidad de prensa.

  Permitiéndose en ambos casos la regulación y control de la presión de trabajo del equipo.

  Se impedirá un repentino e inesperado retroceso del actuador, causado por la fuerza contraria ejercida por la materia a prensar, mientras se efectúe el cambio de maniobra.

- Descripción de la solución:

  En éste caso se han incluido dos versiones distintas de montaje, aunque en principio se consiguen efectos similares, se ha hecho una adaptación del circuito diseñado respecto a los componentes de los que se dispone en el banco de ensayos en el que se efectúa el montaje real del mismo.

  Uno de los elementos a destacar dentro del montaje llevado a cabo, es la utilización de una válvula reductora de presión, ésta posibilita el trabajo a una presión preestablecida, de una determinada sección de una instalación global de oleohidráulica. Este dispositivo se utilizará en este circuito a diseñar.

  Recordar que dentro del circuito oleohidráulico de una prensa tipo aparecen dispositivos capaces de gestionar distintas acciones tales como el control del cierre y apertura de las compuertas de la máquina, posicionadores, etc.

- Esquema o montaje diseñado: ver Figura 11.8

- Elementos empleados en el montaje:

Ítem	Denominación
1	Tanque
2	Filtro de aspiración.
3	Motor eléctrico
4	Bomba.
5	Válvula limitadora de presión (válvula de seguridad)
6	Válvula limitadora de presión
7	Válvula antirretorno.
8	Válvula 4/3 vías, de accionamiento manual.
9,10	Válvula antirretorno pilotada.
11	Cilindro oleohidráulico de doble efecto.
12	Filtro de descarga con antirretorno en bypass.
	Manómetros.
	Elementos de conexión como manguera flexible y derivaciones en T.

- Esquema ó montaje ensayado en banco: ver Figura 11.9

- Explicación montaje:

La válvula reductora de presión se encuentra incluida dentro de la línea de presión, en una posición previa a la válvula distribuidora manual, controlándose así la presión de trabajo del resto de la instalación oleohidráulica. A su vez, gracias a este dispositivo, es posible (mediante su tarado) hacer una regulación de la velocidad de subida de la unidad de prensado.

La simulación de la fuerza ejercida en sentido opuesto por el material a prensar se ha llevado a cabo mediante la instalación del cilindro en posición vertical y colocándosele una masa metálica en la salida del vástago.

Debido al tipo de montaje que se ha realizado, se ha incluido un sistema anexo de regulación del descenso de la masa. Evitándose de este modo, un descenso brusco de la misma. Este efecto se consigue gracias al montaje en paralelo de un regulador de caudal y a su vez una válvula antirretorno.

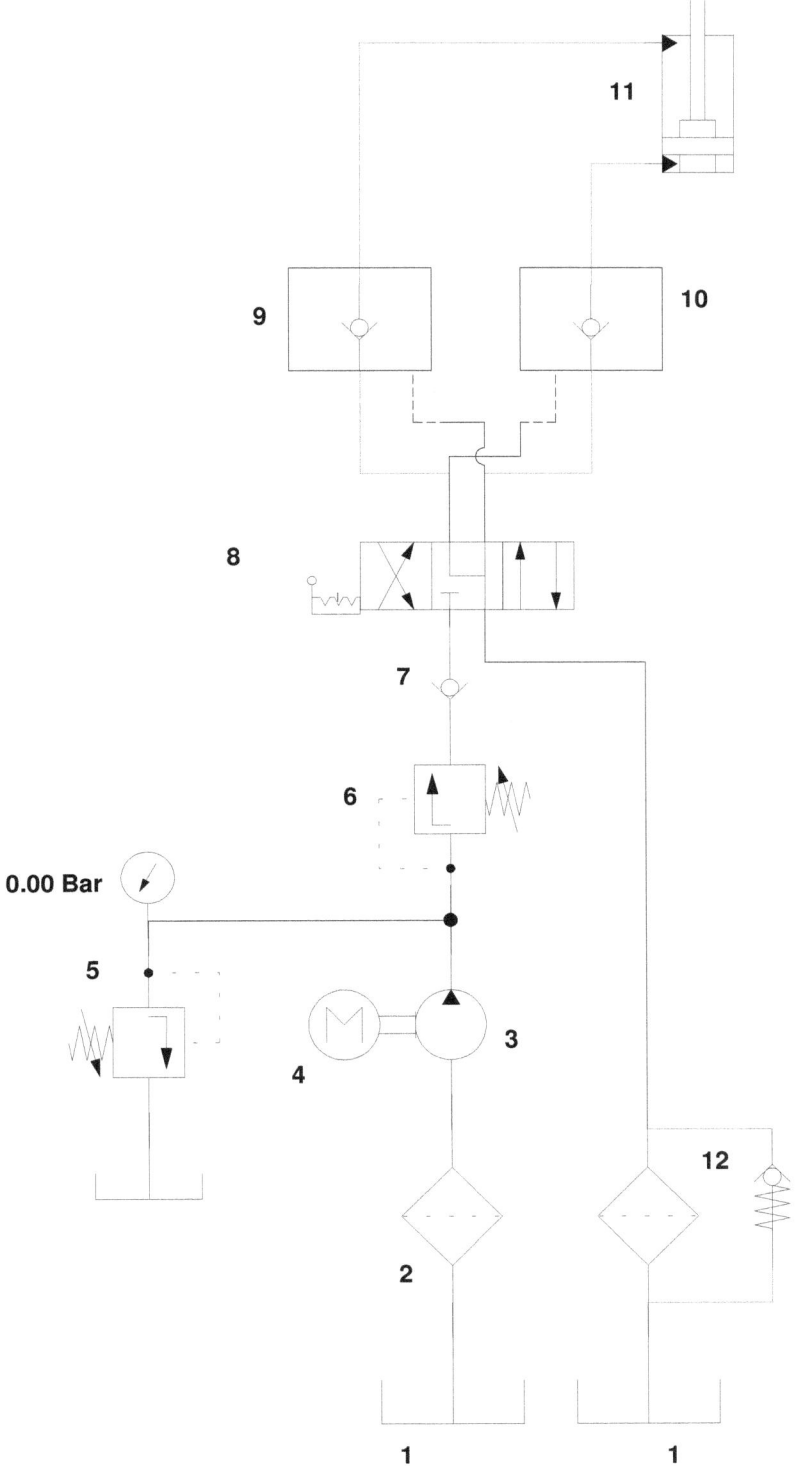

0.00 Bar

Figura 11.8: Esquema del circuito hidráulico

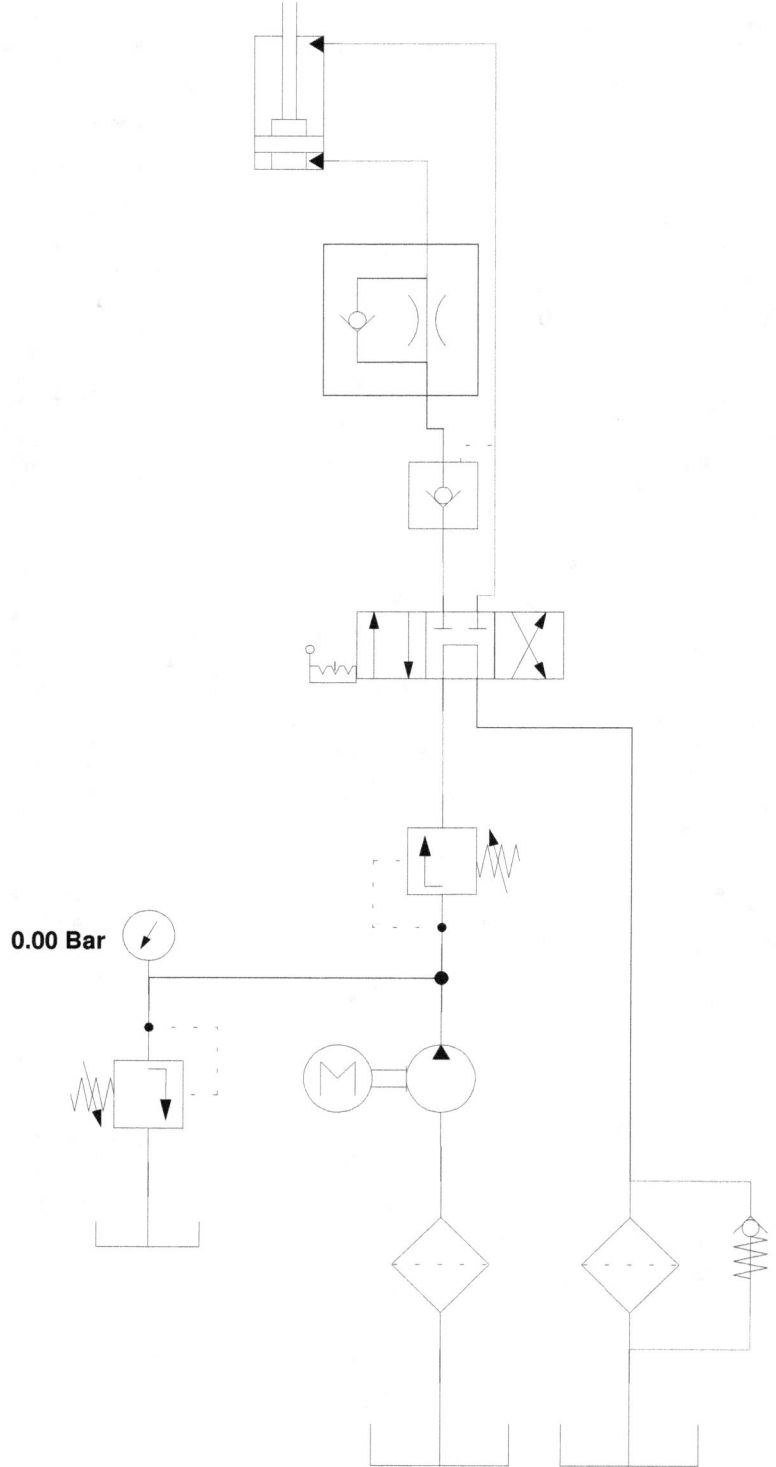

Figura 11.9: Esquema del circuito hidráulico

Práctica 7. Circuito oleohidráulico para accionamiento de dos actuadores lineales independientes

- Descripción del problema:

  Durante el desarrollo de esta práctica se precisará el diseño de un circuito oleohidráulico que accione dos actuadores lineales de doble efecto, capaces de trabajar a dos presiones diferentes y totalmente independientes.

  Se adoptarán las medidas de seguridad pertinentes, tales como, el sistema de control de la descarga de los pistones (que ésta no se produzca de manera inesperada).

  Se dispondrá de un accionamiento gobernado eléctricamente capaz de evacuar todo el caudal suministrado directamente a la conexión de tanque, inhabilitando por completo la ejecución del sistema.

  Se efectuarán los cálculos pertinentes para conocer los parámetros de funcionamiento de los componentes del circuito:

  - Fuerza máxima en el avance y en el retroceso.
  - Presiones de trabajo tanto en el avance como en el retroceso. (Se supondrá la simulación con una masa máxima de 5000 Kg.).
  - Tiempo empleado en la acción de avance como en la de retroceso.
  - Potencia máxima consumida por la bomba.

- Descripción de la solución:

  Dentro de la relación de elementos empleados en el diseño del circuito, cabe destacar el empleo de dos válvulas reductoras de presión (taradas a distintas presiones) capaces de independizar el trabajo de cada uno de los actuadores, pudiéndose diferenciar una zona del circuito que trabaja a alta presión respecto de otra que lo hace a una presión más baja.

  De forma teórica se han incluido dentro del esquema del circuito dos componentes electromecánicos denominados transductores de presión, que se emplean para obtener un registro o señal correspondiente a la presión a la que trabaja el circuito.

  Se ha dispuesto una electroválvula 2/2 inmediatamente después de la conducción de suministro, proporcionando la posibilidad de una desconexión eficaz del sistema mediante la descarga directa a la línea de tanque.

  Para proceder a la determinación de las condiciones de trabajo del circuito oleohidráulico, se instalarán dos actuadores con la siguiente referencia geométrica:

  Ø80/45x200: Ø (Sección Avance) / (Sección retroceso) x (Carrera). Se realizarán los cálculos teniendo un caudal de suministro de la bomba de valor igual a: 9 l/min.

- Esquema o montaje diseñado: ver Figura 11.10

- Cálculo de las condiciones del trabajo del circuito:

	Avance	Retroceso
Fuerza máxima(N)	804247,72	25446,90
Presiones máximas (bar)	160	160
Velocidad (m/s)	0,0298	0,0943
Tiempo (s)	6,70	2,12

- Elementos empleados en el montaje:

Ítem	Denominación
1	Tanque
2	Filtro de aspiración.
3	Bomba.
4	Válvula antirretorno.
5	Válvula limitadora de presión (válvula de seguridad)
6	Válvula limitadora de presión
7	Presostato
8	Válvulas 4/3 vías, de accionamiento manual y pos. central tipo H.
9,11	Válvula antirretorno pilotada.
10	Cilindro oleohidráulico de doble efecto.
12	Válvulas 4/3 vías, de accionamiento manual y pos. central tipo H.
13,15	Válvula antirretorno pilotada.
14	Cilindro oleohidráulico de doble efecto.
16	Presostato.
17	Válvula limitadora de presión
18	Electroválvula 2/2 para control apertura/cierre del sistema.
	Manómetros.
	Elementos de conexión como manguera flexible y derivaciones en T.

- Explicación montaje:

El circuito que se ha ensayado en esta práctica es muy distinto del diseñado e incluido en el esquema anterior. Se ha simplificado, en gran medida, aunque se puede apreciar (de una manera intuitiva y similar) el efecto ofrecido por el circuito anterior.

El trabajo del sistema mediante la utilización de dos presiones diferentes se ha conseguido gracias a la combinación de a la limitadora incluida en sistema de suministro de caudal (tarada a una presión de valor máximo) junto a las correspondientes válvulas reductoras de presión incluidas dentro de cada una de las líneas de suministro de los cilindros. Diferenciándose, gracias al distinto tarado de cada una de las reductoras de presión, dos secciones de trabajo a distinta presión (cilindro de alta y baja presión correspondientemente) dentro del mismo esquema oleohidráulico.

Este circuito oleohidráulico permite la conexión de una válvula by-pass constituida por la conexión en paralelo de una válvula reguladora de caudal junto a una válvula antirretorno, que permite evitar la posible descarga de los actuadores de forma brusca.

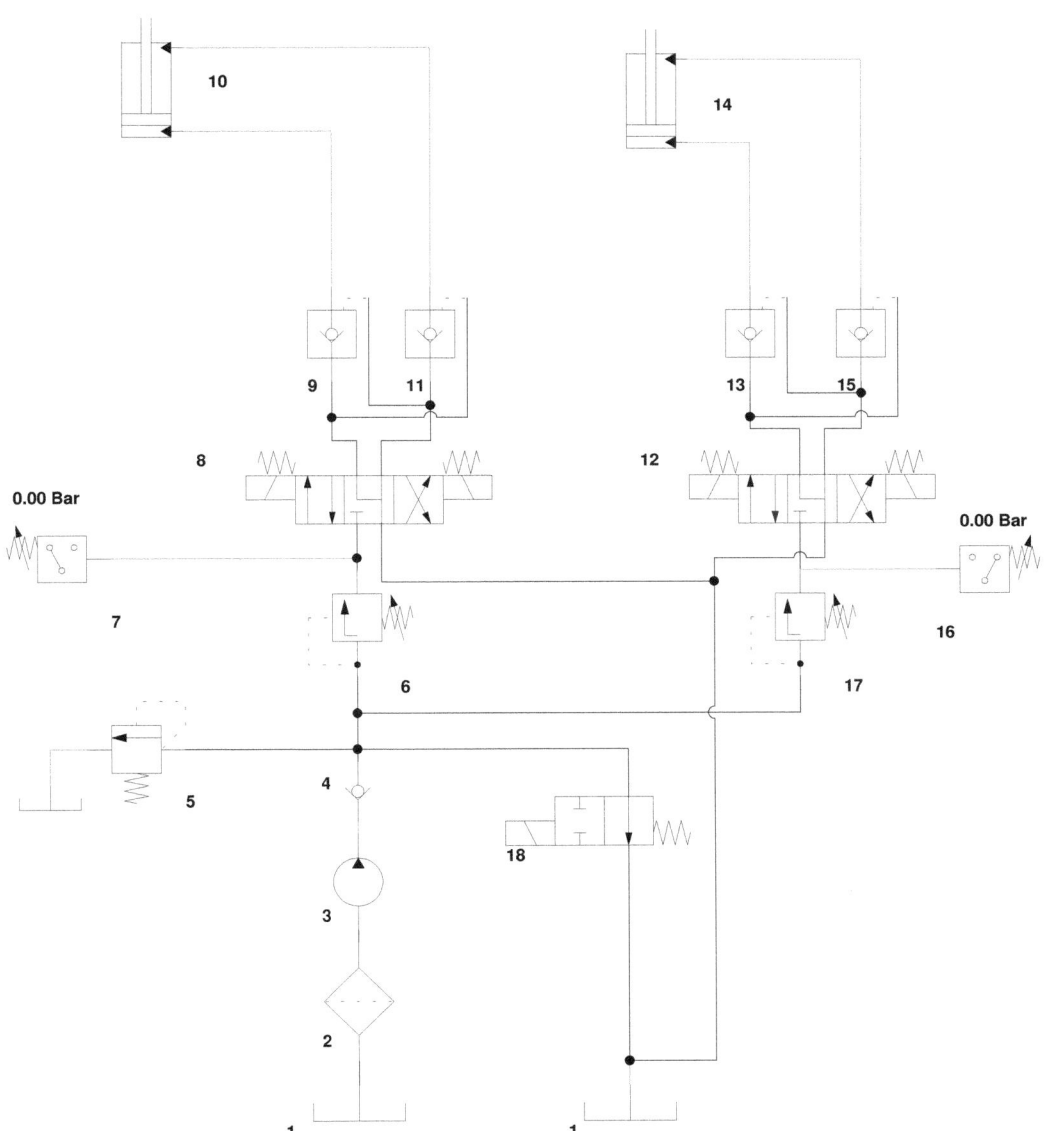

Figura 11.10: Esquema del circuito hidráulico

Práctica 8. Accionamiento oleohidráulico de una unidad tipo de prensa con sistema de caída por gravedad

- Descripción del problema:

En esta práctica se pretende elaborar el diseño del circuito oleohidráulico correspondiente a una unidad de prensado que se dispone de forma vertical.

La ejecución de los movimientos de la máquina se centra en un movimiento lineal simple de elevación de la masa, llevándose a cabo el proceso de prensado gracias al descenso de ésta masa por efectos de gravedad.

Se posibilitará el control independiente de la presión de trabajo del sistema oleohidráulico.

Además, se incluirá un dispositivo oportuno capaz de regular la velocidad de descenso de la prensa y evitar, incluso, el descenso repentino de la masa de manera inoportuna y como medida de seguridad.

- Descripción de la solución:

La solución propuesta para el mecanismo indicado en el apartado anterior está compuesta por una serie de componentes oleohidráulicos de los cuales cabe destacar el efecto conseguido, especialmente, gracias a dos de ellos:

- Válvula reguladora de caudal instalada en la línea de descarga, ésta es capaz de elevar la presión del circuito, haciendo que se produzca el ascenso de la masa. Constituyéndose de este modo el trabajo específico del sistema oleohidráulico propiamente dicho (ya que el resto del ciclo productivo del sistema se produce por efecto de la aceleración gravitatoria).

  Este regulador de caudal permite, a su vez, un control de la velocidad de descarga de fluido a la línea de retorno a tanque durante la fase de descenso de la masa.

- El segundo componente o dispositivo que hay que destacar dentro de este sistema es el grupo acumulador de diafragma. Este elemento desempeña varias funciones relacionadas:

  - Proporciona una fuente auxiliar (o de emergencia) de caudal al circuito, ante un posible fallo del grupo de suministro de caudal.
  - Además, durante el ensayo realizado en el banco, se ha observado que este componente influye directamente en el proceso de regulación de la descarga del circuito y a su vez en el control del descenso de la masa. Obteniéndose un descenso más lento de la masa cuando, una vez en carga el acumulador, se restringe el paso de aceite mediante la válvula reguladora de caudal.

- Esquema: ver Figura 11.11

- Elementos empleados en el montaje:

Ítem	Denominación
1	Grupo oleohidráulico. (Suministro de Caudal)
2	Válvula limitadora de presión.
3	Válvula reguladora de caudal variable.
4	Cilindro oleohidráulico de simple efecto.
5	Acumulador. Incluye válvula distribuidora 3/3 + limitadora de presión
6	Válvula limitadora de presión
	Antiretorno
	Manómetros.
	Elementos de conexión como manguera flexible y derivaciones en T.

- Explicación del montaje:

Durante el montaje, y debido a los elementos de los que se dispone en el banco de ensayos, se han producido algunas modificaciones respecto al esquema original:

- Se ha sustituido la conexión en serie del regulador de caudal y la válvula antirretorno contenida en la línea que se encuentra inmediatamente a continuación del sistema de acumulación, por una conexión by-pass (integrada dentro de un único componente) formada por un regulador de caudal y una válvula antirretorno conectadas en paralelo. Este tipo de conexión nos permite un ascenso libre de la masa y a su vez, impide un retroceso del caudal (caída inminente de la masa). Además, permite el control de la descarga del acumulador de diafragma previamente cargado.

- El actuador es de simple efecto con resorte, (a modo de similitud con el efecto producido por la caída de la masa por efecto de la gravedad) se instalará, junto con la masa metálica, en posición vertical. Conectándose, por defecto (al tratarse de un cilindro de doble efecto y siendo uno de simple efecto el requerido por el esquema), el cierre rápido (correspondiente a la cámara de descarga del cilindro) a la conexión de retorno a tanque.

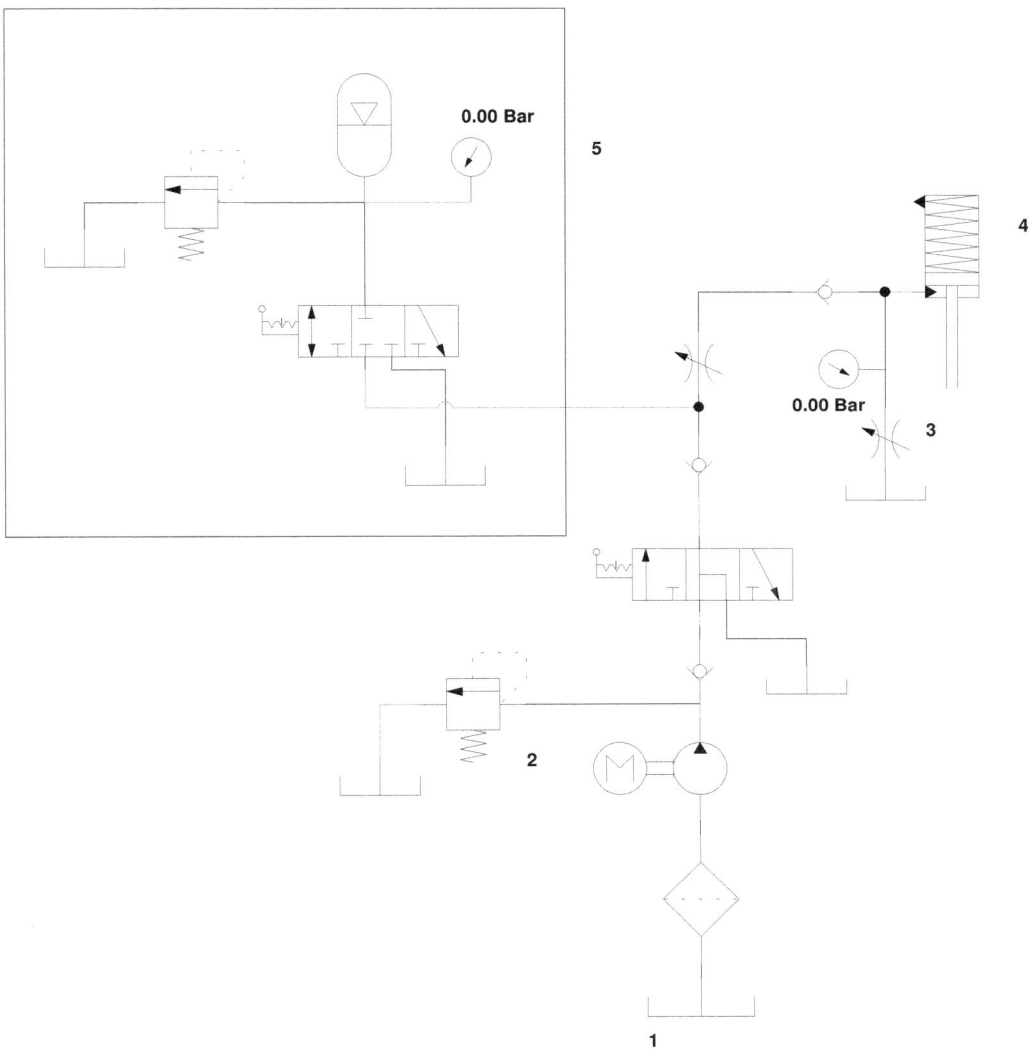

0.00 Bar

5

4

0.00 Bar

3

2

1

Figura 11.11: Esquema del circuito hidráulico

Práctica 9. Dispositivo para la regulación/selección de dos presiones dentro de una instalación oleohidráulica

- Descripción del problema:

  La posibilidad de disponer de dos presiones de trabajo distintas dentro de una misma instalación proporciona una gran ventaja en la consecución de multitud de acciones de distinta índole.

  Además si existe la posibilidad de alternar entre cada una de las condiciones de trabajo disponibles de manera rápida y fiable, se establecen (a modo de ejemplo) las bases de una automatización eficaz de los ciclos de producción.

  El caso práctico que se expone en esta práctica diseña un dispositivo de carácter eléctrico ó mecánico que posibilite una alternancia y una regulación de la presión de trabajo de un sistema oleohidráulico anexo en que se incluya.

- Descripción de la solución:

  El esquema anexo constituye un dispositivo ó subsistema eficaz para la obtención de dos presiones diferentes, tratándose de una parte incluida dentro de cualquier circuito en el que se solicite la obtención de dos presiones.

  En la explicación de la solución (así como del montaje del esquema), hay que nombrar el efecto producido por las válvulas limitadoras de presión, que se encuentran taradas a una presión máxima de distinto valor en cada una de ellas (35 y 20 Kg/cm^2 respectivamente).

  Pudiendo seleccionarse las distintas presiones máximas de trabajo de los receptores, mediante los distintos enclavamientos que nos posibilita la válvula distribuidora conectada previamente a las limitadoras, habiéndose incluido en el esquema un sistema de mando de carácter electromecánico que gobierna las posiciones de la electroválvula.

- Esquema: ver Figura 11.12

- Elementos empleados en el montaje:

Ítem	Denominación
1	Tanque
2	Filtro de aspiración.
3	Bomba.
4	Válvula antirretorno.
5	Válvula limitadora de presión (válvula de seguridad)
6	Válvulas 4/3 vías, de accionamiento eléctrico y pos. central tipo H.
7	Válvula limitadora de presión con tarado máximo a 35 Kg/cm^2.
8	Válvula limitadora de presión con tarado máximo a 20 Kg/cm^2.
	Manómetros.
	Elementos de conexión como manguera flexible y derivaciones en T.

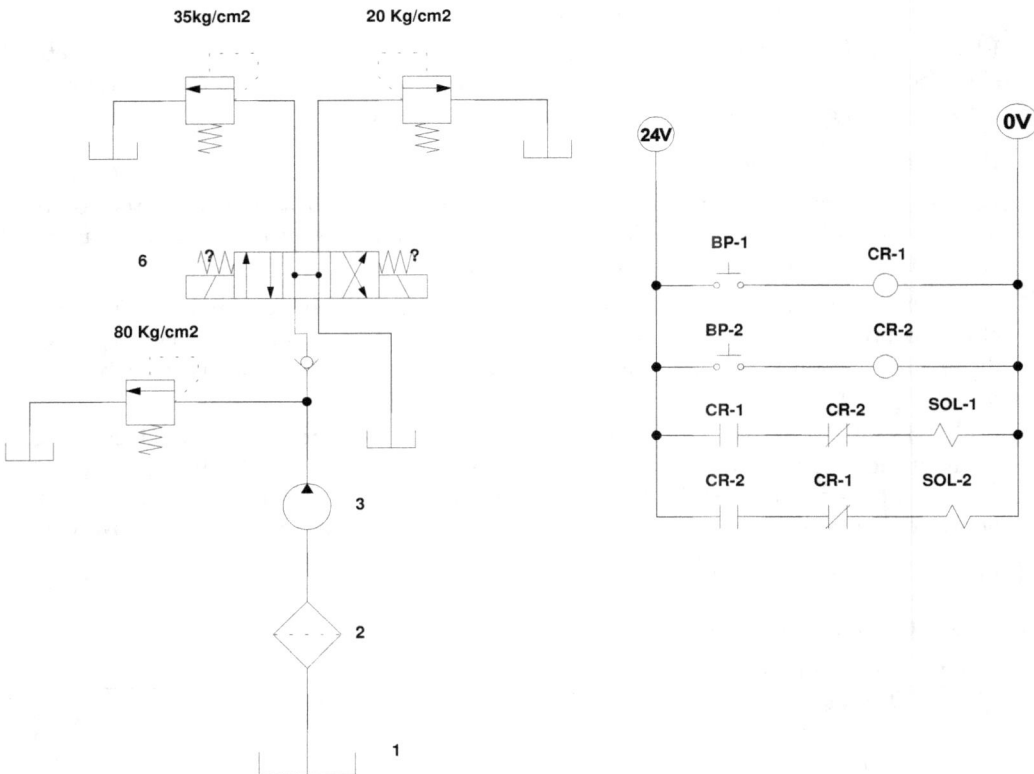

Figura 11.12: Esquema del circuito hidráulico

Práctica 10. Sistema anticaída con antirretorno

- Descripción del problema:

  Un problema muy frecuente en los circuitos oleohidráulicos es la descarga de los cilindros cuando ésta se produce de manera no controlada e inmediata por efecto de la fuerza opuesta que se genera durante la carga de éstos o que se encuentra de manera permanentemente actuando sobre ellos una vez se ha llegado al final de su carrera.

  El objeto de esta práctica tiene como finalidad la eliminación de este efecto y la consolidación de un sistema seguro y fiable de control de la descarga de los actuadores oleohidráulicos.

- Descripción de la solución:

  El esquema que se adjunta, como posible solución, es un circuito simplificado al máximo, en cuanto al empleo de componentes, pero eficaz en cuanto a la aplicación del mismo.

  Hay que destacar la parte fundamental del circuito, ésta es, la conexión by-pass (o en paralelo) de una válvula antirretorno junto a una válvula limitadora de presión, instalada en la línea de carga/descarga de un cilindro oleohidráulico.

  Nota: la explicación del funcionamiento concreto de la conexión nombrada en el párrafo anterior se encuentra desarrollada dentro del apartado: explicación del montaje).

- Esquema: ver Figura 11.13

- Elementos empleados en el montaje:

Ítem	Denominación
1	Tanque.
2	Filtro de aspiración.
3	Bomba.
4	Válvula limitadora de presión (válvula de seguridad).
5	Válvula 4/3 vías, de accionamiento manual.
6	Sistema anticaida. Limitadora de presión + antirretorno en bypass.
7	Cilindro oleohidráulico de doble efecto.
8	Filtro de descarga con antirretorno en bypass.
	Manómetros.
	Elementos de conexión como manguera flexible y derivaciones en T.

- Explicación montaje:

  Esta disposición de los elementos oleohidráulicos permite, durante la secuencia de carga de la cámara del cilindro, un paso del aceite a través de la válvula antirretorno (contenida en la conexión bypass) de manera directa y sin modificación alguna (siempre que se supere la presión de tarado de la válvula antirretorno) de las condiciones de funcionamiento con las que llega el aceite a este punto procedente del sistema de suministro de caudal.

  Durante la fase de descarga, no se permite el descenso de la masa debido al tarado de la válvula limitadora de presión. Constituyéndose de este modo, también, un sistema de evacuación de una posible sobrepresión inesperada.

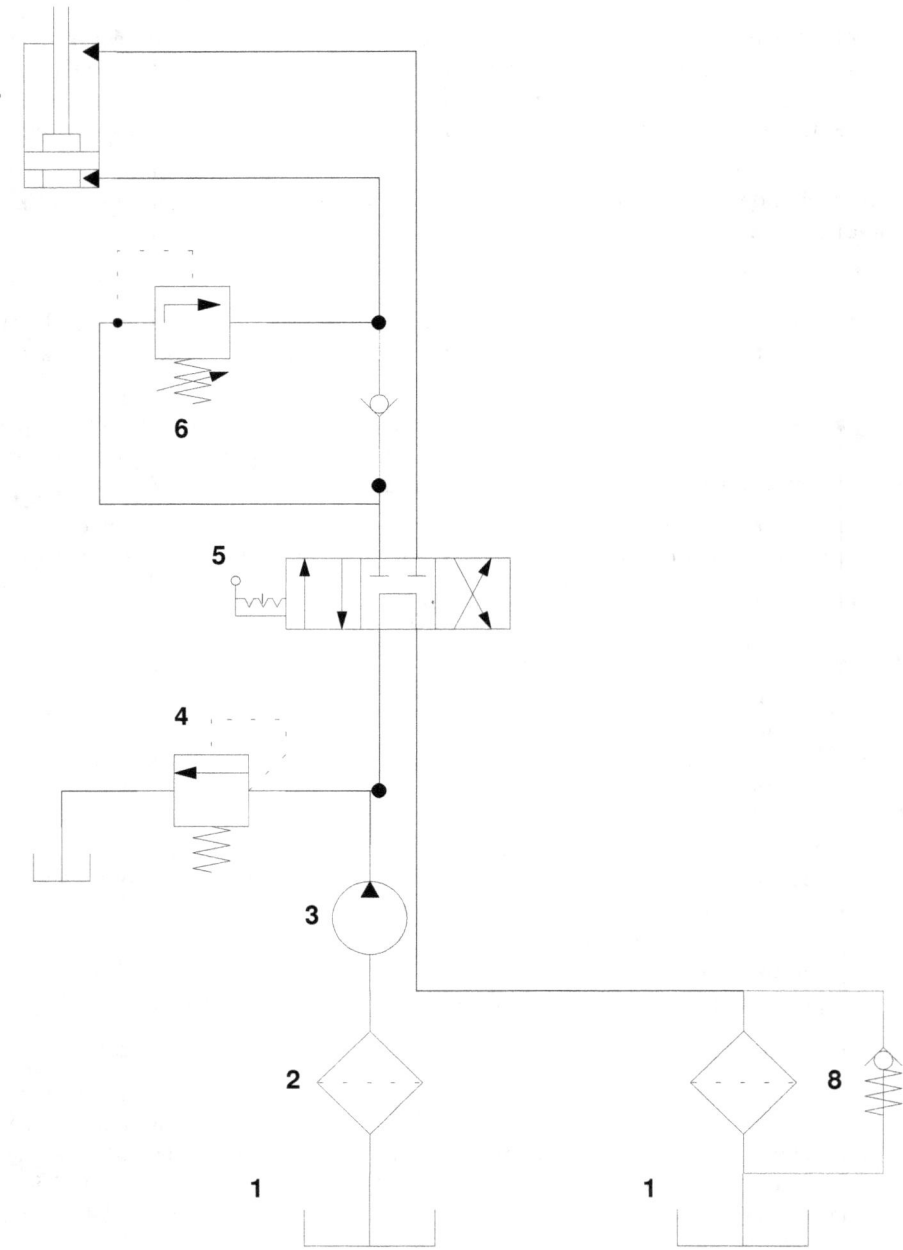

Figura 11.13: Esquema del circuito hidráulico

Una vez finalizada la carrera de descarga o descenso de la masa, el latiguillo por el que se efectúa esta descarga queda en presión (por el funcionamiento de la válvula limitadora de presión), generándose de esta forma un sistema de amortiguación.

Otro de los efectos observados durante la fase de descarga del cilindro es el efecto producido por la válvula limitadora en la velocidad de descenso de la masa, paulatinamente va dejando pasar menos caudal, disminuyendo la velocidad de caída hasta anularse (llegando a la presión constante de tarado que se le ha impuesto).

Gracias al diseño de este circuito oleohidráulico, se posibilita una descarga manual (operación no habitual y a modo de mantenimiento) a través de la válvula limitadora, procediéndose previamente a la disminución total del tarado de la misma.

Práctica 11. Prensa vertical con bomba doble con presiones diferentes para economizar el consumo energético

- Descripción del problema:

El caso práctico que se propone es diseñar el posible accionamiento de las transmisiones y componentes oleohidráulicos, pertinentes, que componen una unidad tipo de prensa vertical con caída por gravedad.

El diseño requerido estará compuesto por un circuito combinado a su vez por sistemas de mando y de distribución tanto de carácter electromecánico como totalmente oleohidráulicos.

Se precisará el esquema de conexión de dos bombas oleohidráulicas de distinta cilindrada, capaz de hacer variar el suministro de caudal (por parte de una u otra) dependiendo de la potencia requerida en el circuito por los receptores, logrando con esto una evidente economía en el consumo de potencia del circuito.

En el caso de la aplicación expuesta, se dispondrán los sistemas oportunos de seguridad ante sobrepresiones y dispositivos anticaida.

- Descripción de la solución:

Dentro de este apartado se incluye, a su vez, las posibles explicaciones a cerca del montaje del circuito (debido a la complejidad del mismo respecto de los componentes disponibles en el banco de ensayos).

A modo de descripción de las secuencias de funcionamiento del esquema que se adjunta, hay que destacar la combinación de sistemas de mando de carácter electromecánico como sistema de accionamiento principal (mediante el empleo de electroválvulas de distribución), junto a una válvula de distribución de accionamiento oleohidráulico (corredera accionada mediante émbolo hidráulico) gobernada respecto de la electroválvula anteriormente citada.

El circuito presentado adquiere dos funcionamientos totalmente distintos dependiendo de la potencia requerida por el consumidor (actuador).

- Durante un funcionamiento en vacío o con un consumo de potencia inferior a la restringida por la presión de tarado de la válvula limitadora de presión (4), el sistema se encuentra bajo el suministro de caudal procedente simultáneamente por las dos bombas oleohidráulicas (de distinta cilindrada). Durante este estado, el caudal de aceite es mayor, apreciándose una mayor velocidad de paso a través de las conducciones y de ejecución de movimientos en los receptores.

- Un aumento de la potencia (y consecuentemente en la presión) solicitado en el actuador (cilindro hidráulico) es capaz de accionar la válvula limitadora (4) (gracias a la línea de pilotaje incluida). Procediéndose a la descarga total, hacia la línea de retorno a tanque, de todo el volumen de aceite desplazado por la bomba de cilindrada mayor (corresponde a la incluida en la parte derecha). A partir de este momento, el esquema queda bajo el suministro de caudal procedente de la bomba oleohidráulica de menor cilindrada, apreciándose una disminución del caudal de paso y las consecuencias que conlleva:

  ○ Una reducción de la velocidad de ejecución de los consumidores y receptores (en este caso el cilindro oleohidráulico incluido en el esquema).

○ Consiguiéndose, de esta forma, economizar el consumo energético por parte del circuito de suministro de caudal (conexión bomba doble).

- Elementos empleados en el montaje:

Ítem	Denominación
1	Tanque
2	Filtro de aspiración.
3	Bomba.
4	Válvulas limitadoras de presión.
5	Manómetro.
8	Válvulas antirretorno.
9	Válvula 4/3 vías, de accionamiento hidráulico.
10	Válvula 4/3 vías, de accionamiento electromecánico.
11	Cilindro oleohidráulico de doble efecto.
	Elementos de conexión como manguera flexible y derivaciones en T.

- Esquema: ver Figura 11.14

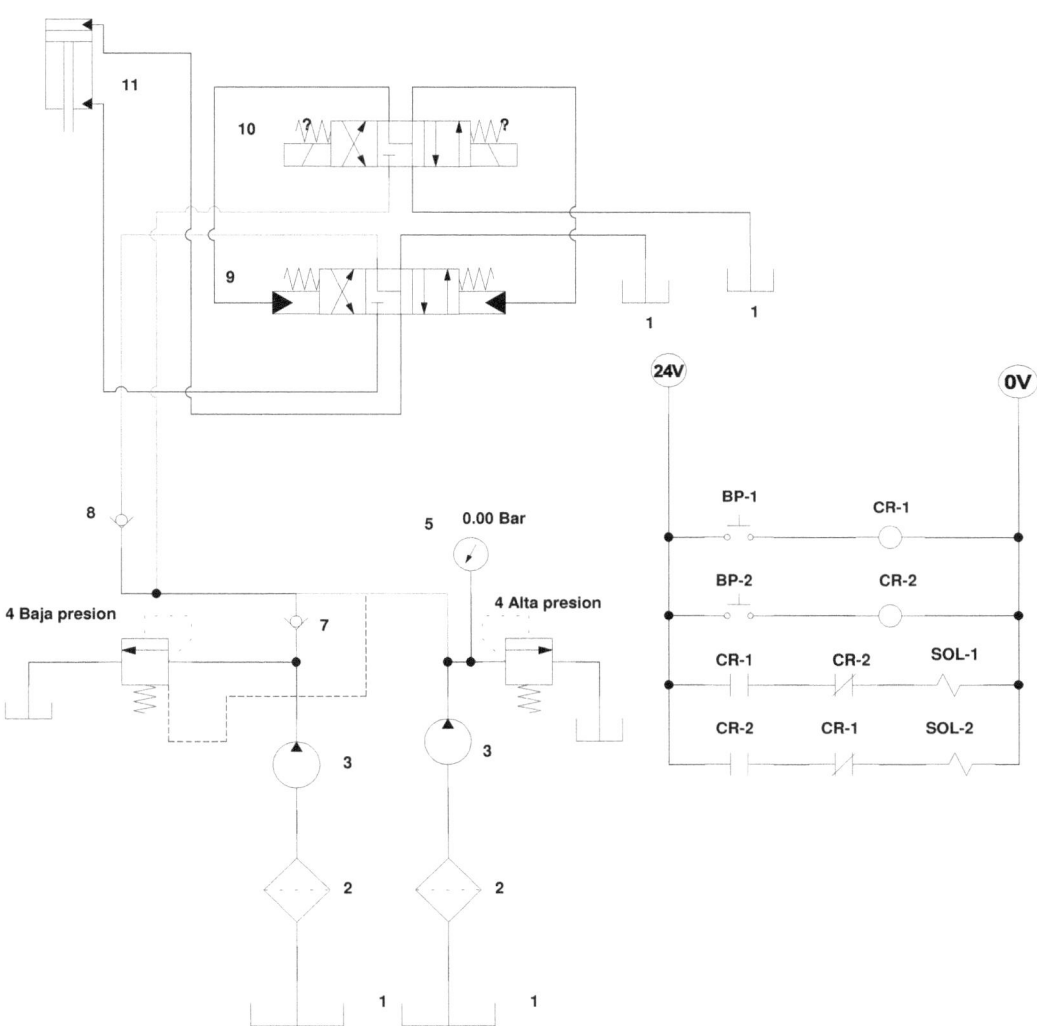

Figura 11.14: Esquema del circuito hidráulico

Práctica 12. Accionamiento oleohidráulico de un motor bidireccional tipo mediante distribuidor manual

- Descripción del problema:

  Accionamiento oleohidráulico de un motor bidireccional tipo mediante distribuidor manual.

- Descripción de la solución:

  La bomba de cilindrada constante (3) aspira aceite del depósito (1) y lo envía hacia el sistema oleohidráulico.

  En el conducto de aspiración se ha colocado un filtro simple (2) que asegura que el aceite que llega al sistema esté en las mejores condiciones posibles.

  Cuando la válvula distribuidora (7) ,4 vías/3 posiciones, accionada por palanca manual, está en su posición central, existe una circulación natural del fluido desde la bomba en movimiento hacia el depósito, este tipo de centro evita comparativamente con el de centros cerrados que la válvula de seguridad (4) esté continuamente actuando para evitar sobre presiones en el tramo de presión y calentamientos innecesarios del aceite en circulación.

  Al accionar la válvula distribuidora hacia su posición izquierda el aceite de la bomba es dirigido hacia la conexión A del motor bidireccional (8) y éste gira en el sentido de las agujas del reloj.

  Al accionar la válvula distribuidora hacia su posición derecha el aceite de la bomba es dirigido hacia la conexión B del motor bidireccional y éste gira en el sentido contrario de las agujas del reloj.

  La velocidad de giro del motor oleohidráulico queda supeditada al caudal de la bomba y a la regulación del caudal realizada por el regulador de caudal bidireccional (6) denominada válvula estranguladora situada a la entrada de la válvula distribuidora.

  La presión máxima admisible en el sistema oleohidráulico se regula con la válvula .

  El manómetro (5) situado a la salida de la bomba indica la presión en el tramo de presión del circuito.

  Se ha colocado un filtro de retorno con bypass (9) para asegurar la limpieza del aceite en circulación que llega al tanque. El bypass se ha elegido para proteger el sistema en el caso de que el filtro de retorno estuviera obstruido ya que permite el paso de aceite a través de la válvula antirretorno hacia el tanque.

- Elementos empleados en el montaje:

Ítem	Denominación
1	Tanque
2	Filtro de aspiración
3	Bomba simple cilindrada constante
4	Válvula de seguridad
5	Manómetro
6	Regulador de caudal
7	Válvula 4/3 accionamiento manual con enclavamiento
8	Motor oleohidráulico bidireccional de cilindrada constante
9	Filtro de retorno con bypass

- Esquema: ver Figura 11.15

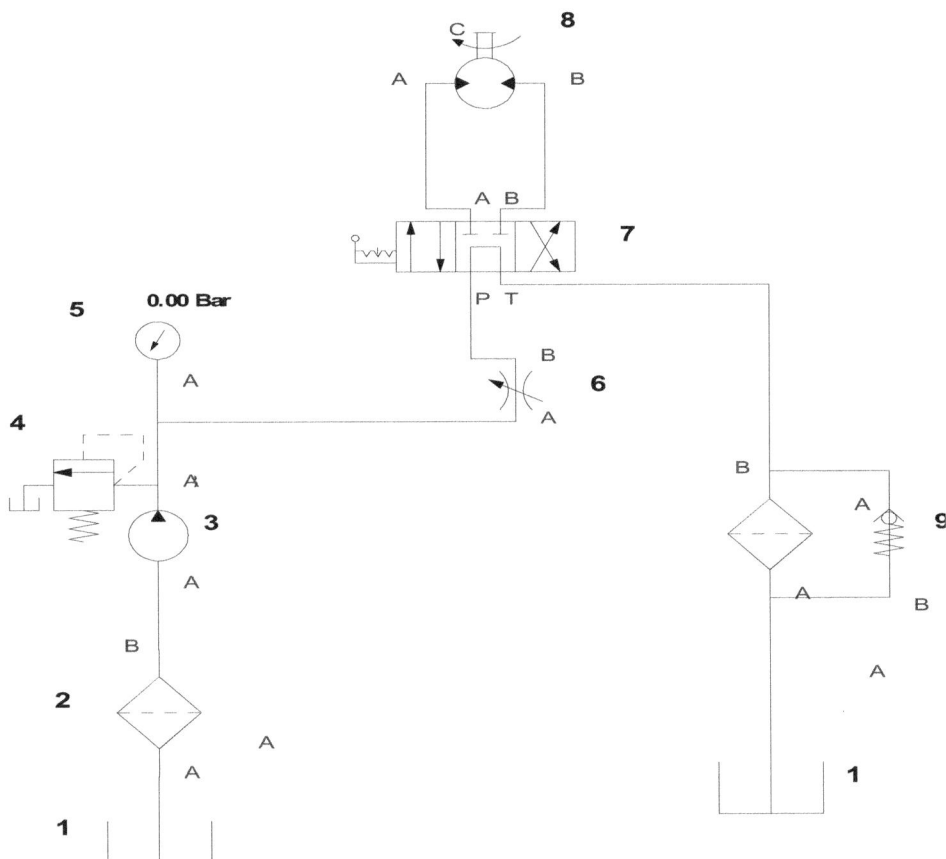

Figura 11.15: Croquis simulable del circuito oleohidráulico.

Práctica 13.Accionamiento oleohidráulico de dos cilindros accionados de forma simultánea.

- Descripción del problema:

  Accionamiento oleohidráulico de dos cilindros accionados de forma simultanea.

- Descripción de la solución:

  Se trata de accionar dos cilindros oleohidráulicos de doble efecto (11) a la vez utilizando una válvula divisora de caudal (8) para evitar que el aceite oleohidráulico se vaya por el circuito de trabajo con menor requerimiento mecánico.

  Cuando la válvula distribuidora de caudal (7) (4 vías/2 posiciones, Normalmente Abierta, accionada por palanca manual y retorno por muelle) se encuentra en su posición de reposo (derecha) el aceite de la bomba es dirigido hacia la cámara de retroceso de los dos cilindros haciendo que el vástago de éstos quede retraído.

  Cuando la válvula distribuidora es accionada hacia su posición izquierda el aceite de la bomba es dirigido hacia la conexión A del divisor de caudal, que distribuye uniformemente el aceite hacia la cámara de avance de los dos cilindros. Esto hace que ambos se accionen al mismo tiempo.

  Para proteger la instalación se han colocado dos válvulas antirretorno con resorte (9) que, en caso de un aumento de la presión a la entrada de las cámaras de avance, derivarán el aceite hacia el circuito de retorno de la instalación.

  La bomba de cilindrada fija (4) accionada por un motor eléctrico (3) aspira aceite del depósito (1) y lo envía hacia el circuito oleohidráulico. En el conducto de aspiración se ha colocado un filtro (2) que asegura que el aceite a circular esté lo más limpio posible sin grandes partículas contaminantes que puedan dañar los elementos oleohidráulicos móviles.

  La presión máxima admisible en el sistema se regula con la válvula limitadora de presión .

  El manómetro (5) situado a la salida de la bomba indica la presión del tramo de presión, el cual permite regular perfectamente el tarado de la válvula de seguridad.

  Los manómetros (10), permiten tarar las válvulas antirretorno simples con muelle (9) colocadas en el circuito de trabajo. Para proteger el sistema en caso de que el filtro de retorno (12) estuviera obstruido, se ha añadido una válvula antirretorno con resorte que permite el paso del aceite sin filtrar hacia el depósito (1).

- Elementos empleados en el montaje:

Ítem	Denominación
1	Tanque
2	Filtro de aspiración
3	Motor eléctrico
4	Bomba simple cilindrada constante
5	Manómetro
6	Válvula de seguridad
7	Válvula 4/2 accionamiento manual por palanca con retorno por muelle
8	Válvula divisora de caudal
9	Válvula antirretorno simple con resorte
10	Manómetro
11	Cilindro oleohidráulico de doble efecto
12	Filtro de retorno con bypass

- Esquema: ver Figura 11.16

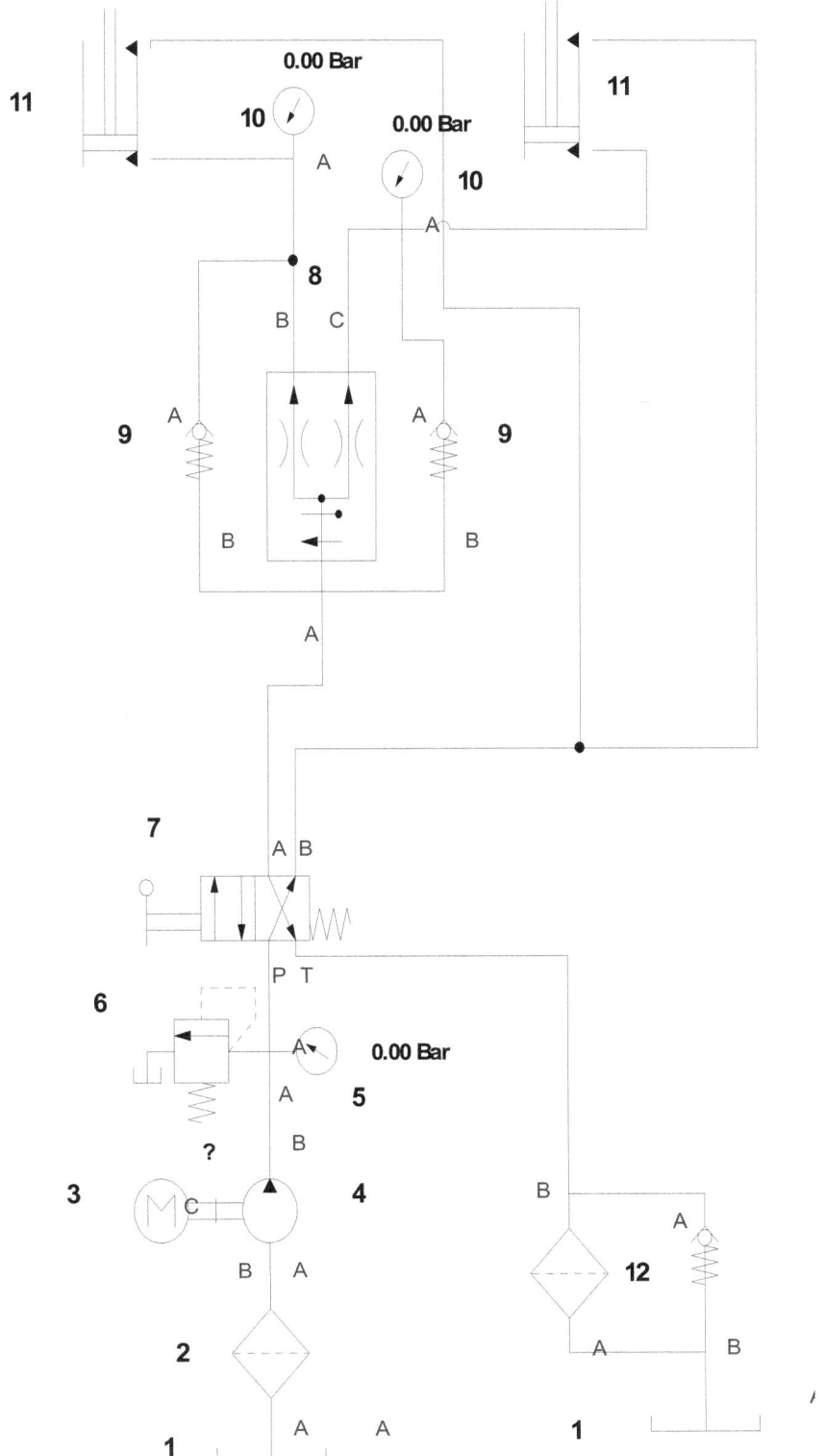

Figura 11.16: Croquis simulable del circuito oleohidráulico.

Práctica 14. Accionamiento oleohidráulico de dos cilindros que ejercen las funciones de prensado y estampado.

- Descripción del problema:

  Accionamiento oleohidráulico de dos cilindros que ejercen las funciones de prensado y estampado.

- Descripción de la solución:

  Se trata de accionar dos cilindros de doble efecto de forma que se efectúe el apriete de la pieza por medio del cilindro horizontal (11) (función de sujeción) y después el marcado por medio del cilindro vertical (14) (función de estampado).

  Para realizar esta secuencia se utilizan válvulas de secuencia ajustables con antirretorno (9) (12) que hacen la función de temporizador.

  Cuando la válvula distribuidora (8) (4 vías/3 posiciones, accionada por palanca manual con enclavamiento de tres posiciones) está en su posición central, se tiene una circulación del aceite descomprimido desde la bomba oleohidráulica (5) hacia el depósito (1).

  Al accionar la válvula distribuidora hacia su posición izquierda el aceite de la bomba es dirigido hacia la cámara de avance del cilindro de sujeción (11) que, al no tener ningún impedimento, hace que el vástago avance. También se alimenta la válvula de secuencia(12) del cilindro de estampado (14) que, después de un tiempo, permite el paso del aceite que alimenta la cámara de avance, para que el vástago realice el estampado sobre la pieza sujetada.

  Al accionar la válvula distribuidora hacia su posición derecha el aceite de la bomba es dirigido directamente hacia la cámara de retroceso del cilindro de estampado que retirará

  el vástago. Posteriormente se retirará el vástago del cilindro de sujeción que es retrasado por la válvula de secuencia (9).

  Para permitir el vaciado de los cilindros se han colocado válvulas antirretorno en paralelo a las válvulas de secuencia que permiten el vaciado sin resistencia.

  La bomba de caudal constante accionada por motor eléctrico (3) aspira aceite del depósito y lo envía hacia el sistema. En el conducto de aspiración se ha colocado un filtro (2) que asegura que el aceite que llega al circuito oleohidráulico esté en perfectas condiciones.

  La presión máxima admisible en el sistema se regula con la válvula limitadora de presión (7) denominada .

  El manómetro (6) situado a la salida de la bomba indica la presión en el sistema.

  Para proteger el sistema en caso de que el filtro de retorno (15) estuviera obstruido, se ha añadido una válvula antirretorno con resorte que permite el paso del aceite hacia el depósito.

- Elementos empleados en el montaje:

Ítem	Denominación
1	Tanque
2	Filtro de aspiración
3	Motor eléctrico
4	Tacometro
5	Bomba simple cilindrada constante
6	Manómetro
7	Válvula de seguridad
8	Válvula 4/3 accionamiento manual por palanca con retorno por muelle
9	Válvula secuencia ajustable con antirretorno
10	Manómetro
11	Cilindro oleohidráulico de doble efecto función sujeción
12	Válvula secuencia ajustable con antirretorno
13	Manómetro
14	Cilindro oleohidráulico de doble efecto función estampado
15	Filtro de retorno con bypass

- Esquema: ver Figura 11.17

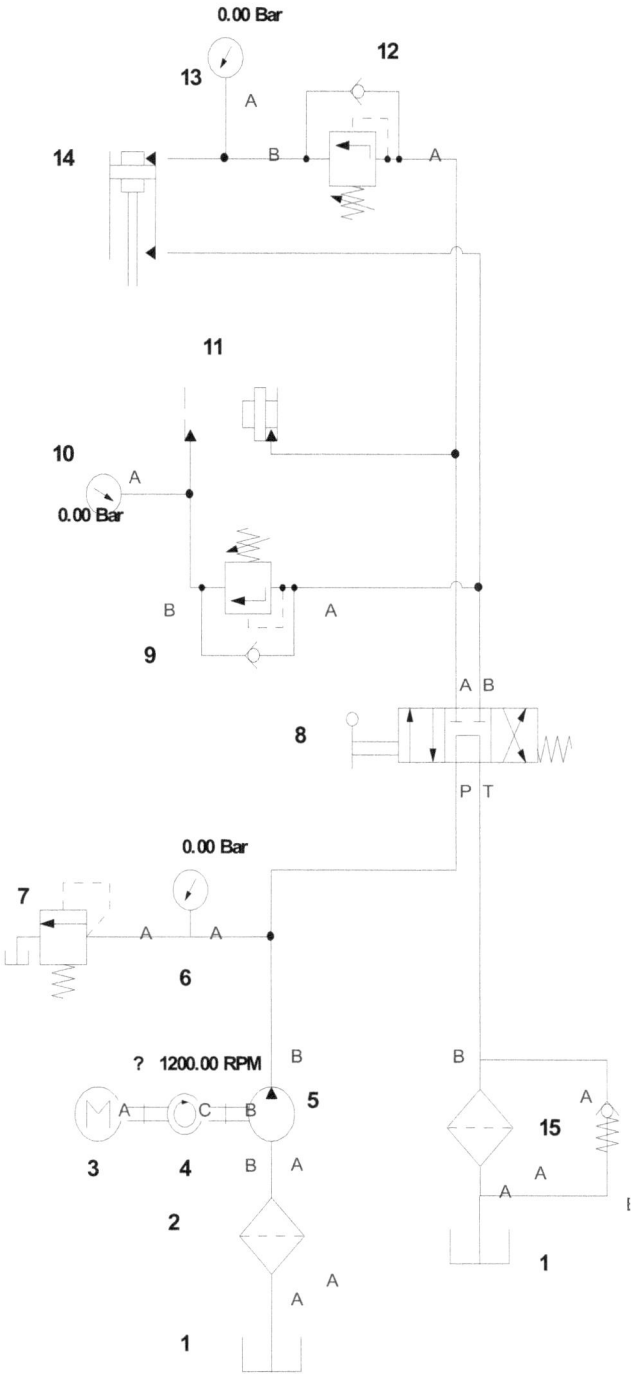

Figura 11.17: Accionamiento oleohidráulico de dos cilindros que ejercen las funciones de prensado y estampado.

Práctica 15. Accionamiento oleohidráulico de un cilindro que ejerce automáticamente las funciones de avance y retroceso.

- Descripción del problema:

  Accionamiento oleohidráulico de un cilindro que ejerce automáticamente las funciones de avance y retroceso.

- Descripción de la solución:

  Se trata de accionar de forma automática un cilindro de doble efecto (11), de manera que avance y retroceda secuencialmente.

  Para realizar esta secuencia se utiliza una válvula distribuidora (8) (4 vías / 3 posiciones con doble accionamiento eléctrico).

  Para ello se ha diseñado un circuito eléctrico (12) formado por una fuente de alimentación de 24V, común 0V, con pulsadores accionados por sensores mecánicos (10) (11) colocados en el cilindro referenciado. Cuando el cilindro se encuentra en su posición de reposo (vástago retraído) queda accionado el sensor mecánico a0 que acciona a su vez el interruptor a0 del circuito eléctrico. Este último acciona el solenoide A que hace que la válvula quede en su posición izquierda dirigiendo el fluido a la cámara de avance.

  Cuando el cilindro llega a su posición de avance, el sensor mecánico a1 acciona el interruptor a1 que acciona el solenoide R que hace que la válvula permute a su posición derecha y el fluido se dirija a la cámara de retroceso.

  Se ha colocado otra válvula distribuidora (7) (2 vías / 2 posiciones) llamada de Puesta en Marcha (PM), accionada por pulsador y retorno por muelle, cuya única función es que el circuito oleohidráulico se accione.

  La bomba de caudal constante (4) aspira aceite del depósito (1) y lo envía hacia el sistema. En el conducto de aspiración se ha colocado un filtro (2) que asegura que el aceite que llega al sistema esté en perfectas condiciones.

  La bomba de caudal constante accionada por motor eléctrico (3) aspira aceite del depósito y lo envía hacia el sistema. En el conducto de aspiración se ha colocado un filtro que asegura que el aceite que llega al sistema esté en perfectas condiciones.

  La presión máxima admisible en el sistema se regula con la válvula limitadora de presión (6) (válvula de seguridad) que, en este caso, se ha colocado antes de la válvula PM y descarga hacia el circuito de retorno.

  El manómetro (6) situado a la salida de la bomba indica la presión en el sistema.

  Para proteger el sistema en caso de que el filtro de retorno (13) estuviera obstruido, se ha añadido una válvula antirretorno con resorte que permite el paso del aceite hacia el depósito.

- Elementos empleados en el montaje:

Ítem	Denominación
1	Tanque
2	Filtro de aspiración
3	Motor eléctrico
4	Bomba simple cilindrada constante
5	Manómetro
6	Válvula de seguridad
7	Válvula 2/2 de pulsador manual con retorno por muelle
8	Válvula 4/3 accionamiento eléctrico doble, centraje por muelles, centros normalmente abiertos
9	Cilindro oleohidráulico de doble efecto
10,11	Sensores de posición mecánicos
11	Cilindro oleohidráulico de doble efecto función sujeción
12	Linea eléctrica formada por fuente de alimentación de 24v, comun 0v, 2 interruptores de posición mecánica normalmente abierto con sus correspondientes solenoides
13	Filtro de retorno con bypass

- Esquema: ver Figura 11.18

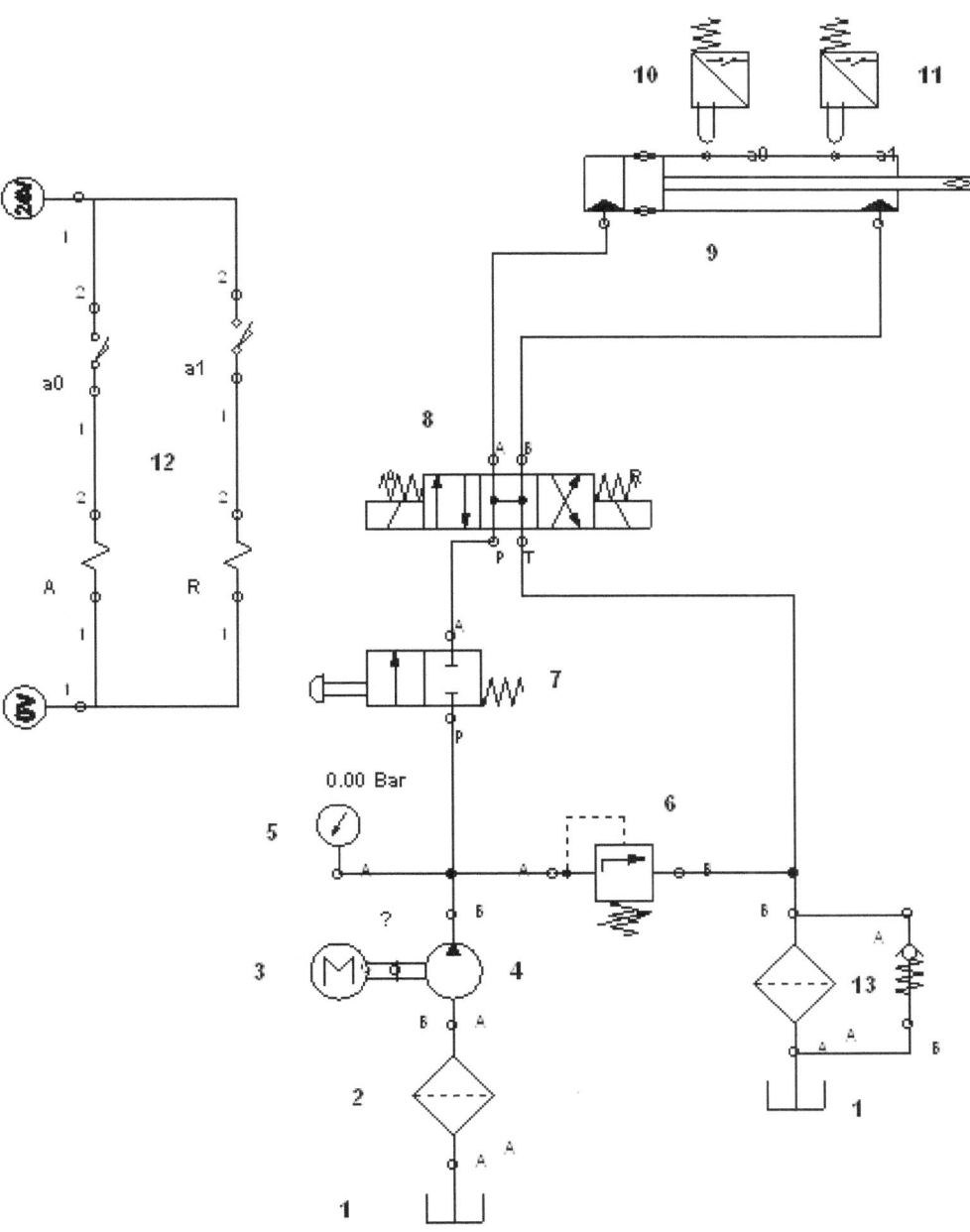

Figura 11.18: Accionamiento oleohidráulico de un cilindro que ejerce automáticamente las funciones de avance y retroceso

Práctica 16. Accionamiento oleohidráulico típico de prensas de doble pulsador.

- Descripción del problema:

  Accionamiento oleohidráulico típico de prensas de doble pulsador.

- Descripción de la solución:

  Se trata de accionar un circuito simple de un cilindro oleohidráulico de doble efecto (11), mediante pulsadores eléctricos de avance y retroceso.

  Se ha diseñado un circuito eléctrico (12) que permite el avance o retroceso del vástago del cilindro según el propósito del operario. Se hace avanzar el vástago si se presiona el pulsador de avance (P1), normalmente abierto y lo hace retroceder si se pulsa el pulsador de retroceso (P2) normalmente abierto.

  El pulsador de avance (P1) acciona el solenoide P1 que a su vez acciona la válvula distribuidora (10) (4 vías / 2 posiciones, accionada eléctricamente en ambos sentidos), hacia su posición izquierda que permite el paso del aceite a la cámara de avance del cilindro.

  El pulsador de retroceso (P2) acciona el solenoide P2 que a su vez acciona la válvula distribuidora (4 vías / 2 posiciones, accionada eléctricamente en ambos sentidos), hacia su posición derecha que permite el paso del aceite a la cámara de retroceso del cilindro

  Para hacer funcionar el sistema se ha dotado al circuito oleohidráulico de unas medidas de seguridad:

  - Una válvula distribuidora (8) (2 vías / 2 posiciones normalmente cerrada) de puesta en marcha (PM) accionada por pulsador con enclavamiento y retorno por muelle.

  - La siguiente medida de seguridad se ha dispuesto en forma de otra válvula distribuidora (9) (2 vías / 2 posiciones Normalmente Cerrada) accionada por pulsador con enclavamiento y retorno por muelle. Está válvula se utiliza muchas veces accionada por pedal, de tal manera que el operario debe mantener el pedal accionado continuamente, en caso de que el pedal deje de ser presionado el circuito se detendrá.

  En resumen, para hacer funcionar el circuito oleohidráulico se deberá pulsar a válvula de puesta en marcha PM (8) y tener presionado el pedal, pero para hacer funcionar el cilindro oleohidráulico se debe accionar los pulsadores eléctricos de avance (P1) o retroceso (P2).

  Esto se hace así para que el operario tenga siempre las manos ocupadas y no las introduzca por descuido en la zona de influencia del cilindro oleohidráulico.

  La bomba de caudal constante (4) accionada por motor eléctrico (5) aspira aceite del depósito (1) y lo envía hacia al circuito. En el conducto de aspiración se ha colocado un filtro (2).

  La presión máxima admisible en el sistema se regula con la válvula limitadora de presión que deriva directamente a depósito el aceite en caso de sobrepresión.

  El manómetro (6) situado a la salida de la bomba indica la presión en el sistema.

Para proteger el sistema en caso de que el filtro de retorno (13) estuviera obstruido, se ha añadido una válvula antirretorno con resorte que permite el paso del aceite hacia el depósito.

- Elementos empleados en el montaje:

Ítem	Denominación
1	Tanque
2	Filtro de aspiración
3	Tubería flexible o latiguillo
4	Bomba simple cilindrada constante
5	Motor eléctrico
6	Manómetro
7	Válvula de seguridad
8	Válvula 2/2 de pulsador manual con retorno por muelle (pulsador de seguridad)
9	Válvula 2/2 de pulsador manual con retorno por muelle (puesta en marcha)
10	Válvula 4/2 accionamiento eléctrico doble
11	Cilindro oleohidráulico de doble efecto
12	Linea eléctrica formada por fuente de alimentación de 24v, comun 0v, 2 pulsadores normalmente abiertos con sus correspondientes solenoides p1 y p2
13	Filtro de retorno con bypass

- Esquema: ver Figura 11.19

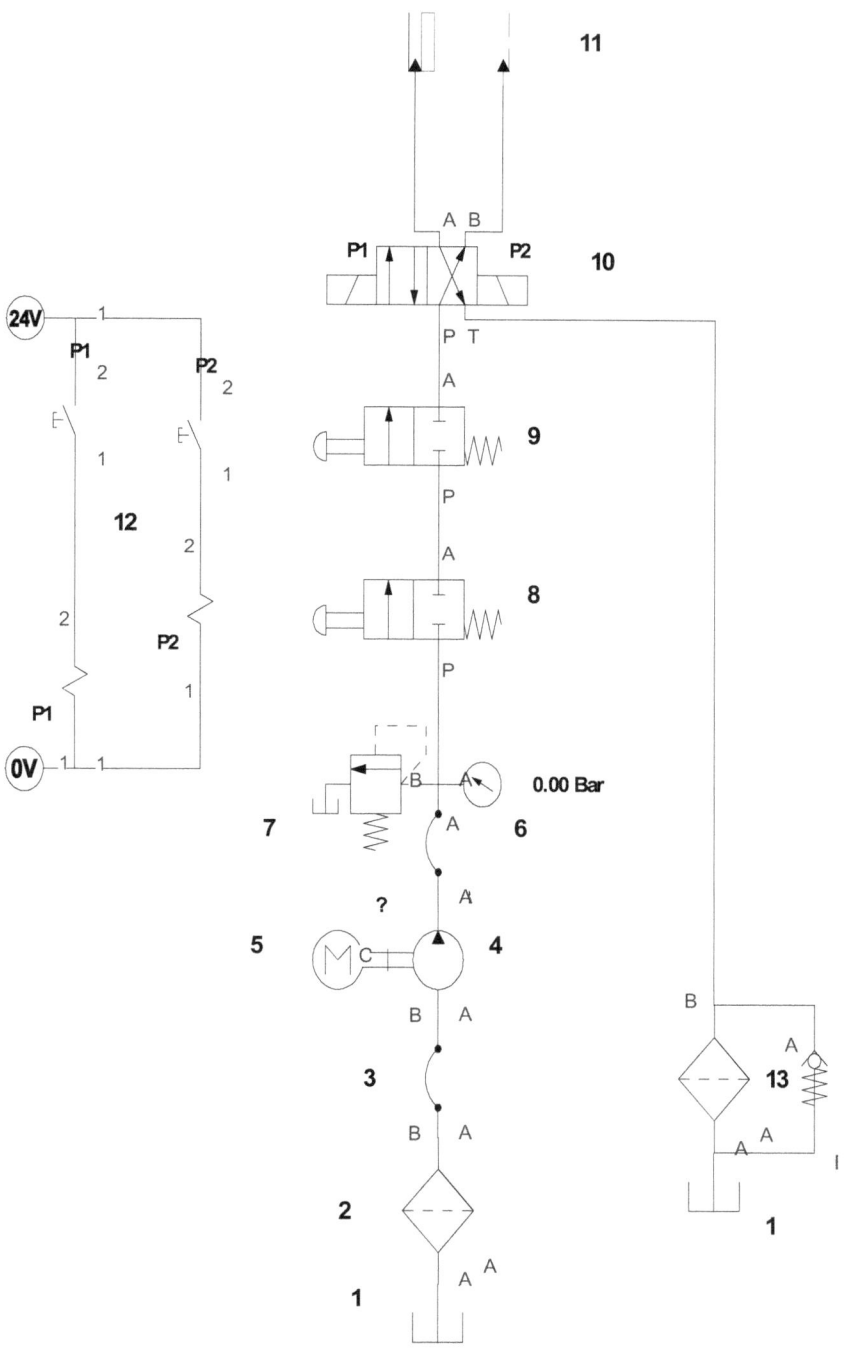

Figura 11.19: Accionamiento oleohidráulico típico de prensas de doble pulsador.

Práctica 17. Accionamiento de un transpalet

En las dos prácticas anteriores, se ha descrito el funcionamiento básico del programa informático Automation Studio utilizando las utilidades del campo de aplicación denominado Oleohidráulica.

A continuación, se describirán dos ejemplos prácticos muy sencillos, el accionamiento oleohidráulico de un traspalet y un ventilador oleohidráulico bidireccional, ambos se han realizado y simulado mediante el referido programa informático, la primera de ellas está comandada manualmente y la segunda comandada eléctricamente.

La idea de los autores es que los lectores ahonden en la utilización del programa y sean dirigidos en lo que realmente es importante, la obtención de una solución adecuada a las necesidades previstas. En esta primera publicación de laboratorio no se explicarán casos concretos muy específicos sino se intentará introducir al lector en el uso del programa y sus funciones clarificando a su vez diferentes circuitos oleohidráulicos muy utilizados hoy en día en la fabricación de maquinaria.

Instalación 1: comandada manualmente.

- Descripción del problema. Esta instalación se ha obtenido del circuito oleohidráulico de un traspalet tipo. Los pasos a seguir son:

  1. Identificar el grupo de acciones que tiene que realizar el conjunto, en este caso concreto debe realizar 2 acciones:
     - Subir y bajar los palets y
     - Bascular la pinza.
  2. Una vez identificadas las acciones a realizar por el conjunto, es necesario identificar el número de elementos o dispositivos necesarios para realizar todas las acciones referidas.
  3. Una vez identificados los elementos y definidas sus funciones es necesario definir el ciclo de trabajo y el sentido o flujo de la presión en el circuito.

- Descripción de la solución. El esquema oleohidráulico que se adjunta como posible solución es un circuito oleohidráulico simplificado al máximo que realiza perfectamente las acciones descritas anteriormente y simula los movimientos principales de un traspalet.

- Esquema. ver Figura 11.20

- Elementos empleados en el montaje. A continuación, se describirán los elementos preseleccionados:

- Solución propuesta y simulada en Automation Studio.

  En la Figura 11.21 se puede observar que las líneas rojas corresponden a las líneas de presión y las líneas azules corresponden a las líneas de descarga o de retorno a tanque.

  Como observación se puede ver que el manómetro colocado en la línea de presión contempla una lectura de 400 bares. Esto es un problema debido a que el sistema de conducción del fluido de trabajo puede no aguantar esta presión obtenida por causa de

Ítem	Denominación	Descripción
1	Depósito atmosférico.	Encargado de almacenar el aceite del sistema oleohidráulico, refrigerarlo y servir de soporte a algunos elementos del circuito.
2	Bomba de cilindrada fija.	Es uno de los elementos principales, se encarga de transformar la energía mecánica proporcionada por una máquina motriz (motor eléctrico (3) o de explosión) en energía fluidica. es el elemento que suministra caudal a la instalación oleohidráulica.
4,8	Válvulas antiretornos.	Son las encargadas de no permitir el paso de aceite en dirección a la bomba oleohidráulica.
5,9	Válvula distribuidora 4/3.	Válvula de 3 posiciones y 4 vías. es la encargada de efectuar el avance y retroceso de los elementos actuadores que se encuentran a continuación, en este caso, los cilindros. las válvulas están comandadas manualmente.
6,10	Cilindros.	Son los encargados de transformar la energía fluidica del circuito en energía mecánica, en este caso en movimientos lineales.
11	Filtro de retorno.	Elemento encargado de eliminar impurezas que puedan encontrarse en el aceite en circulación.
7	Manómetro.	Dispositivo encargado de medir la presión en la línea a la cual está conectado.

ser un distribuidor de centros cerrados. Es necesario instalar una válvula de seguridad en la línea de presión roja y deberá ser tarada a la presión de trabajo requerida para realizar las operaciones antes mencionadas.

La Figura 11.22 muestra el sistema en funcionamiento para observar el sentido de la presión o de circulación del fluido de trabajo.

En la Figura 11.22 se puede observar perfectamente el sentido del fluido de trabajo, también se puede observar como las válvulas antirretorno se abren y como los cilindros realizan el movimiento de salida.

También es importante fijarse en como ha decaído la lectura de la presión de trabajo, se debe a que el aceite circula libremente por los elementos actuadores y solo existen resistencias en las cavidades internas de los distribuidores, en los pistones y en los conductos relacionados.

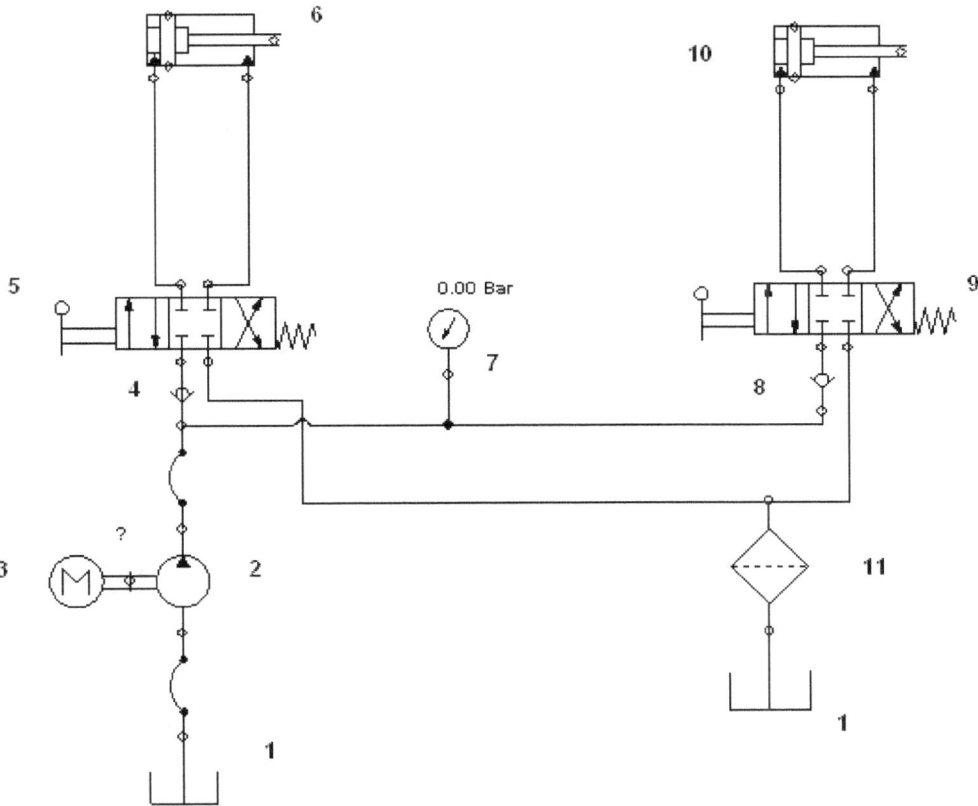

Figura 11.20: Croquis oleohidráulico de la posible solución

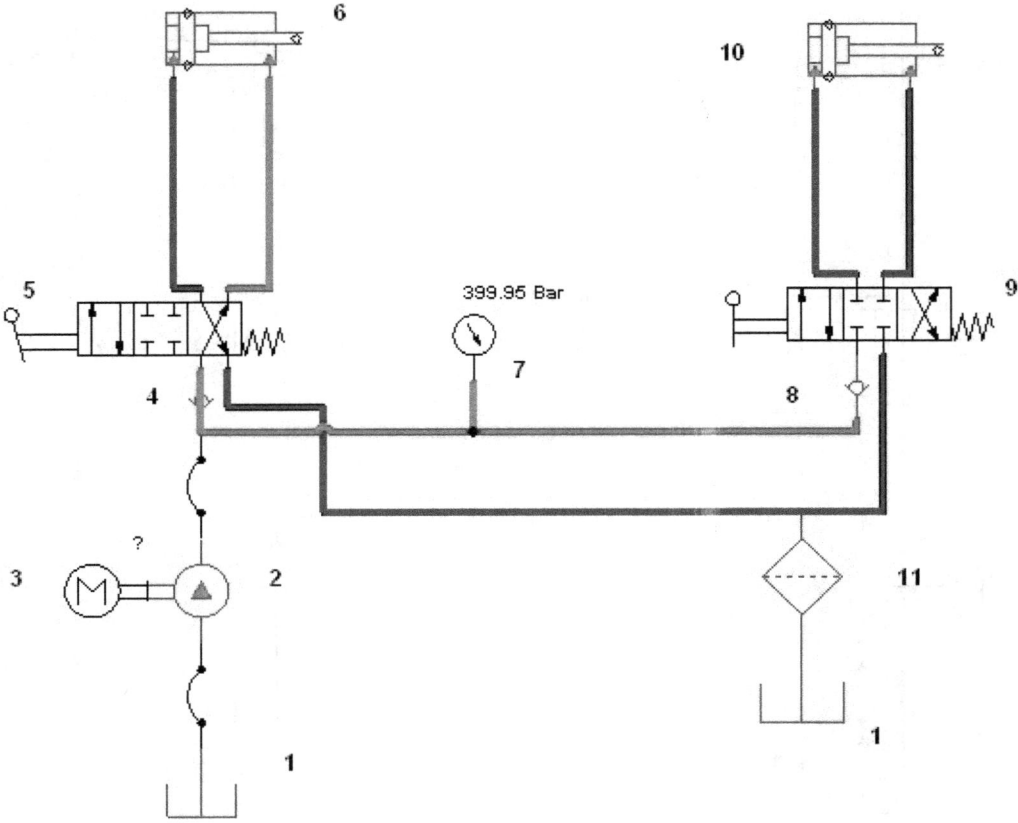

Figura 11.21: Croquis oleohidráulico simulado

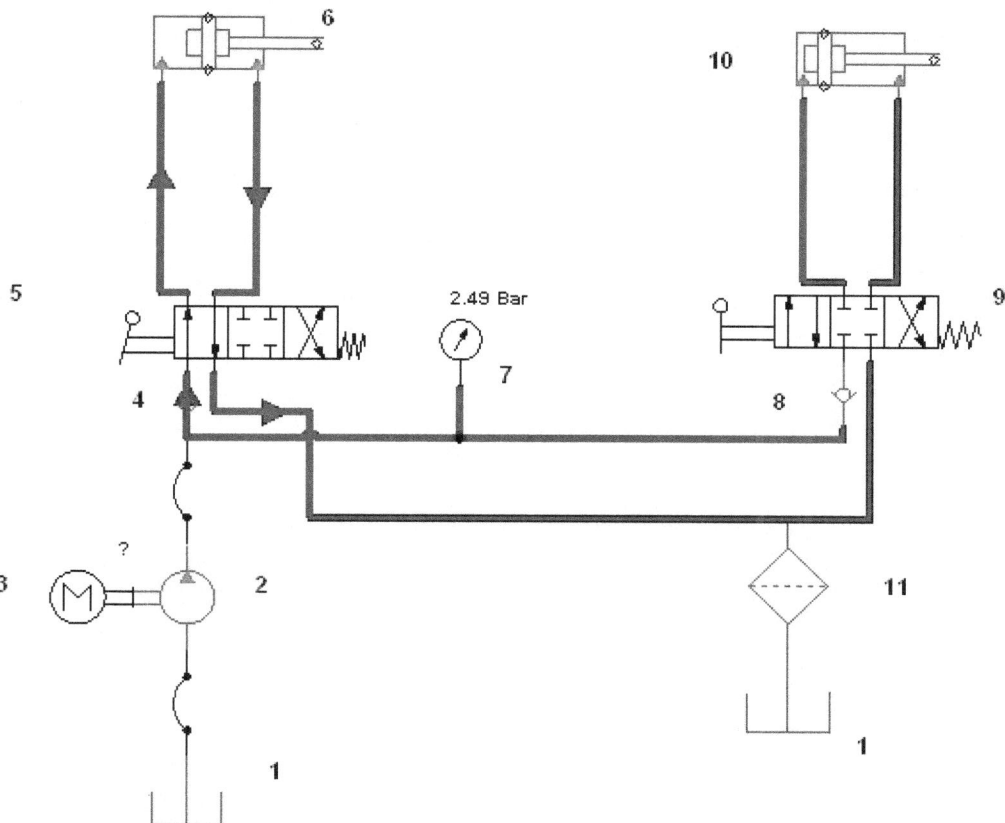

Figura 11.22: Croquis oleohidráulico del circuito simulado en funcionamiento

Instalación 2: Comandada eléctricamente.

- Descripción del problema. Esta instalación oleohidráulica corresponde a la de un accionamiento de un ventilador oleohidráulico bidireccional. Los pasos a seguir son:

  - Identificar el grupo de acciones que tiene que realizar el conjunto, en este caso lo único que debe realizar es girar en ambos sentidos el motor oleohidráulico para las siguientes acciones:

    - Aspirar
    - Ventilar

  - Una vez identificadas las acciones posibles a realizar, es necesario identificar el número de elementos necesarios para realizar todas las acciones.

  - Una vez identificados los elementos y definidas sus funciones es necesario definir el ciclo de trabajo y el sentido o flujo de presión.

- Esquema. ver Figura 11.23

- Elementos empleados en el montaje. En la Figura 11.23 se pueden observar los siguientes elementos oleohidráulicos preseleccionados:

Ítem	Denominación	Descripción
1	Depósito atmosférico.	Encargado de almacenar el aceite del sistema, refrigerarlo y actúa como soporte de algunos elementos.
2	Tubería flexible o latiguillo.	Permite ciertas desalineaciones y absorber posibles vibraciones producidas por elementos rotativos en movimiento.
8	Válvula distribuidora 4/3.	Válvula de 3 posiciones y 4 vías. se encarga de efectuar el avance y retroceso de los elemento actuador que se encuentran a continuación, en este caso, un motor oleohidráulico hay que observar que la válvula distribuidora esta comandada eléctricamente por los solenoides 12 y 14
L1,N	Línea de fase y línea de neutro	Corresponde al tendido eléctrico necesario para poder comandar todos los elementos eléctricos que se hayan conectados a la red.
	Pulsador.	Es el dispositivo encargado de activar el solenoide a voluntad del operador.
12,14	Solenoide.	Encargado de accionar una de las posiciones de la válvula distribuidora.
3	Bomba de cilindrada fija.	Es uno de los elementos principales, se encarga de transformar la energía mecánica proporcionada por el motor eléctrico (5) en energía fluidica. Es el elemento que suministra caudal a la instalación oleohidráulica.
4	Tacómetro.	Aparato encargado de medir las revoluciones a las que gira el motor eléctrico, de esta forma se pueden cuantificar mejor la relación presión/revoluciones del motor eléctrico.
6,10	Manómetro.	Es el dispositivo encargado de medir la presión en la línea a la cual está conectado.
9	Motor oleohidráulico.	Encargado de transformar la energía fluidica en energía mecánica.
11	Filtro de retorno simple.	Encargado de eliminar las impurezas del aceite

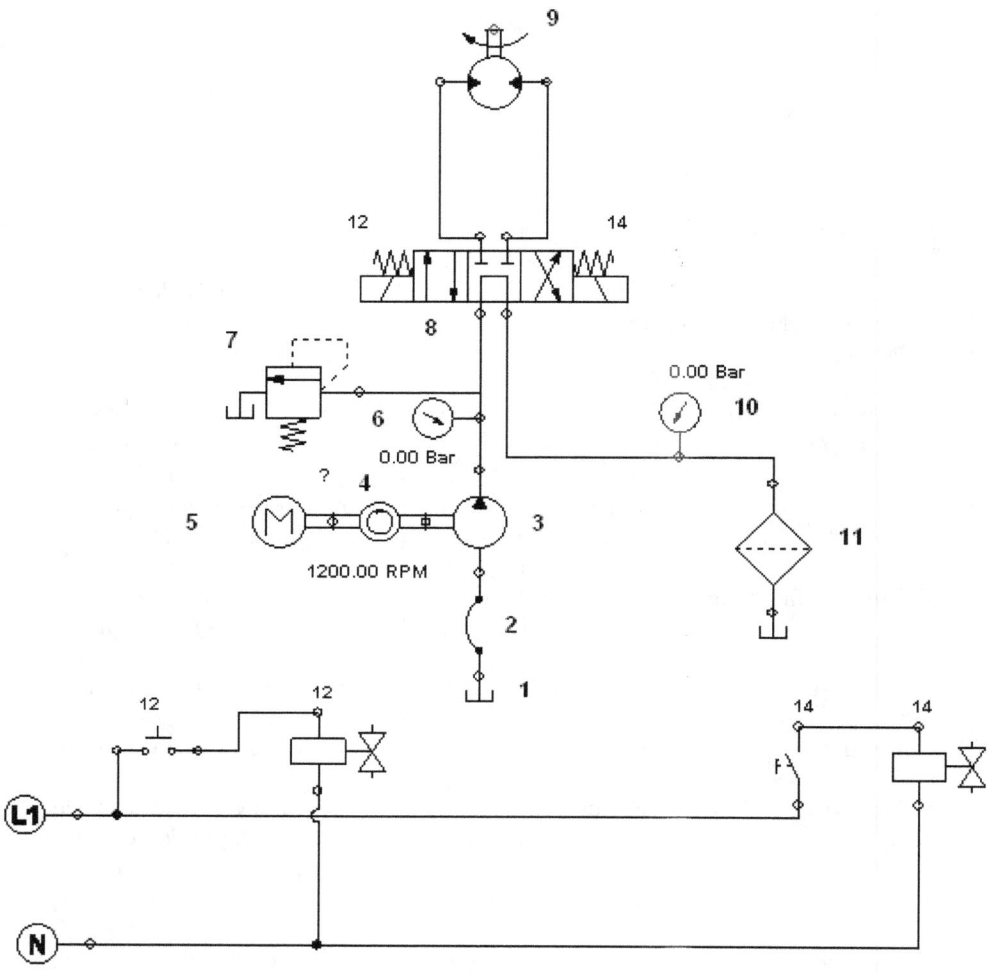

Figura 11.23: Croquis oleohidráulico del circuito oleohidráulico del ventilador

- Solución propuesta y simulada en Automation Studio. En esta figura se puede observar que las líneas rojas corresponden a las líneas de presión y las líneas azules corresponden a las líneas de descarga o de retorno a tanque, y en el circuito eléctrico las líneas verdes corresponden a líneas de tensión 0 y las marrones a la línea de tensión requerida (12 o 24 V).

Como observación se puede ver que el manómetro colocado en la línea de presión contempla una lectura de 400 bares. Muchas veces esto es un verdadero problema ya que hay muchos elementos de serie que no soportan este valor. Se puede evitar este problema instalando una válvula de seguridad en la línea de presión morada la cual será tarada a la presión de trabajo requerida para realizar las operaciones antes mencionadas

La Figura 11.24 muestra el sistema en funcionamiento para observar el sentido de la presión o fluido de trabajo:

En la Figura 11.25 se puede observar diferentes conceptos a tener en cuenta, entre otros muchos:

- El sentido del fluido de trabajo de forma clara.

- Una monitorización de la presión de entrada al motor oleohidráulico: Se producen grandes oscilaciones que poco a poco se van atenuando hasta que se estabiliza el sistema. Se debe al arranque del motor, se puede asemejar al arranque de un motor trifásico.

- El valor de la presión del manómetro ha disminuido con respecto al valor inicial. El nuevo valor se debe a la resistencia que opone el motor oleohidráulico a su movimiento, los rozamientos y cambios de sección en las tuberías de conexión y las cavidades interiores del distribuidor.

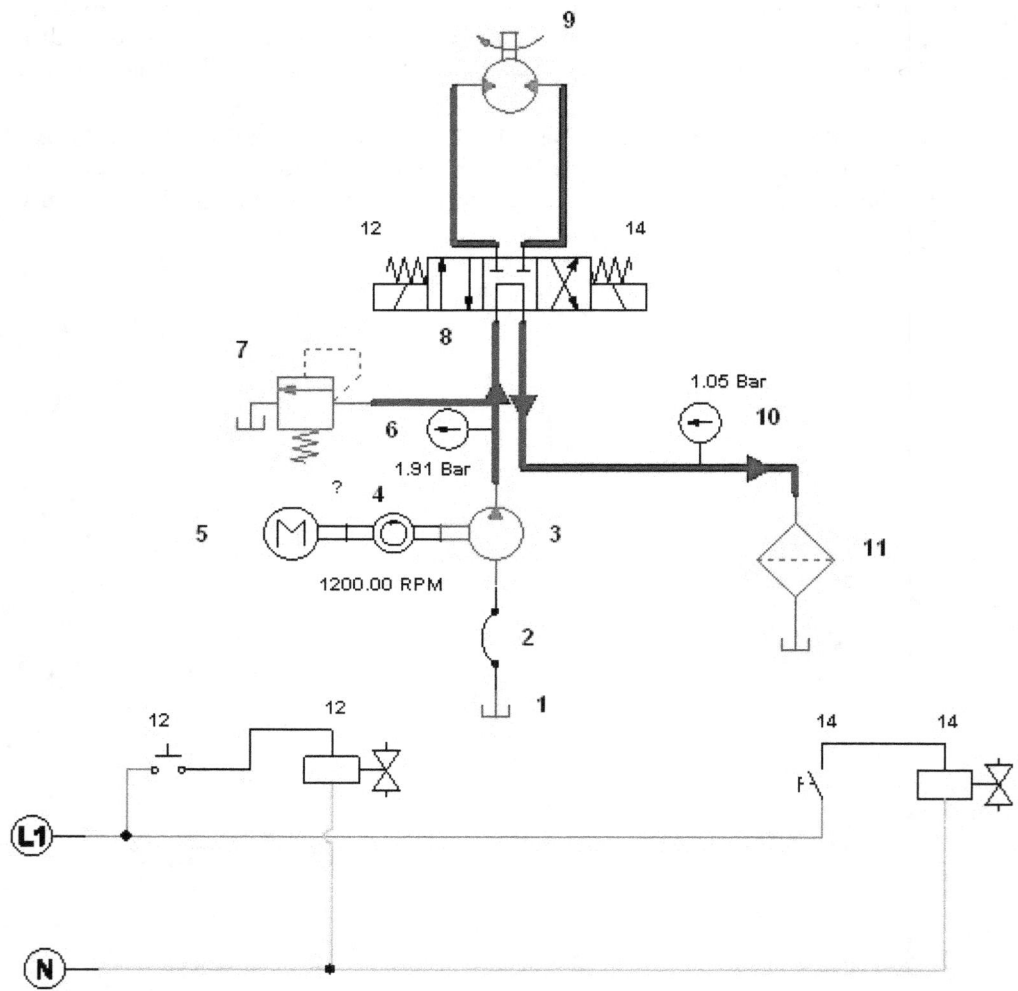

Figura 11.24: Croquis oleohidráulico del circuito a simular del ventilador

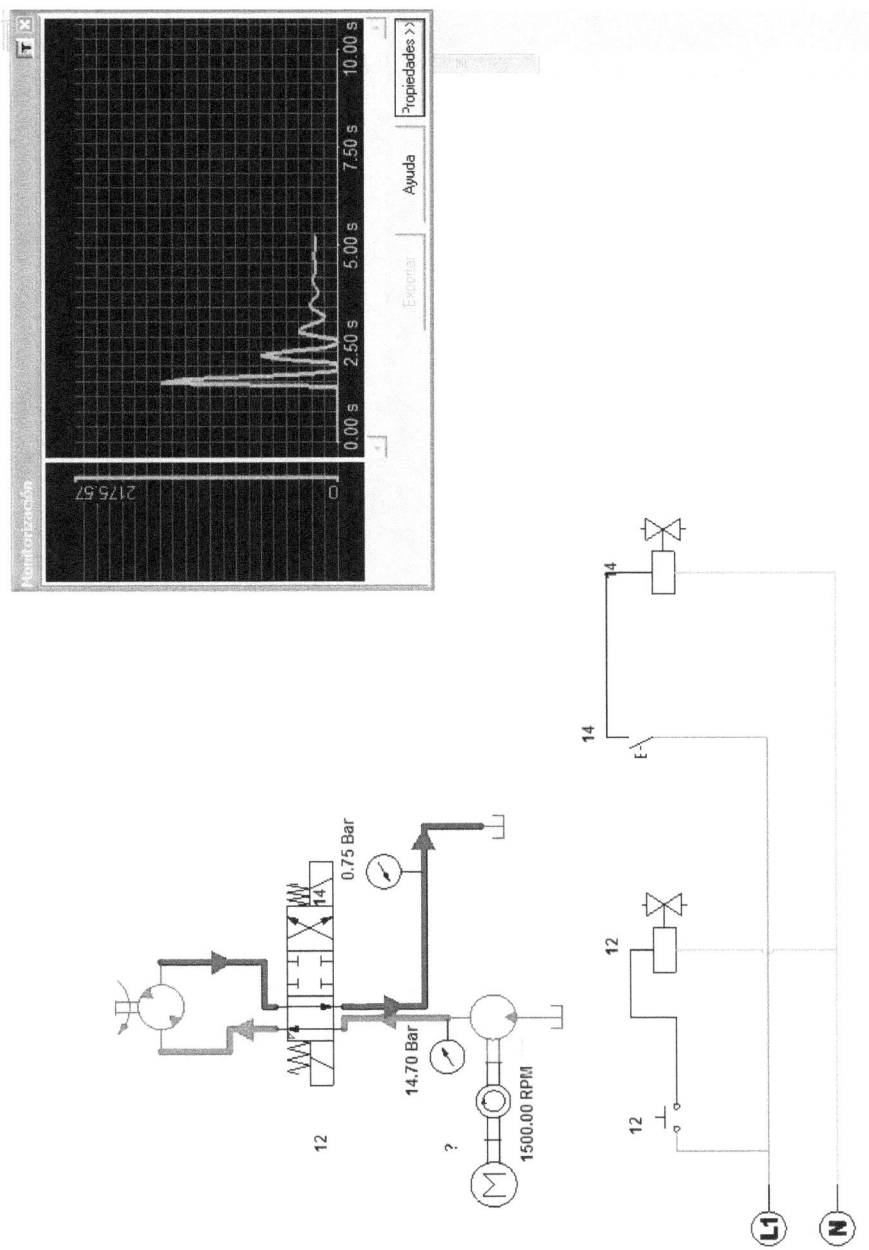

Figura 11.25: Croquis oleohidráulico del circuito simulado del ventilador con monitorización

Bibliografía

Libros y catálogos de referencia

[1] Mecanismos hidráulicos. Pedro Egea Gil. Editorial Gustavo Gili S.A. Barcelona. 3ª edición. 1973.

[2] Oleodinámica. H.Speich. A. Bucciarelli. Editorial Gustavo Gili S.A. Barcelona.1968.

[3] Manual de Oleohidráulica. Luís Mª Jiménez de Cisneros. Editorial Blume. Barcelona. 1975.

[4] Manual de Oleohidraulica Industrial. Sperry-Vickers. Editorial Blume. Barcelona. 1979.

[5] Transmisiones Hidrostáticas. J.Thoma. Editorial Gustavo Gili S.A. Barcelona. 1968.

[6] Tratado Práctico de Oleohidráulica. Panzer-Beitler. Editorial Blume. Barcelona. 1969.

[7] Training Hidráulico, Compendio 1. Editorial Mannesmann Rexroth.

[8] Product Catalogue Orbital Division SAMHYDRAULIC. Editorial Brevini Group.

[9] Product Catalogue Axial Piston Division SAMHYDRAULIC. Editorial Brevini Group.

[10] Catalogo de producto 2004. Editorial Poclain Hydraulics.

[11] Manual instalación circuitos hidráulicos. Editorial Poclain Hydraulics. Enero 1998.

Páginas web de referencia

[12] Bosch Rexroth. https://www.boschrexroth.com/es/es/

[13] Parker Hannifin. http://www.parker.com/es

[14] Bucher Hydraulics. http://http://www.bucherhydraulics.com

[15] Procalain-Hidraulics. http://www.poclain-hydraulics.com/

[16] Hydra Power http://www.hydrapower.es/

[17] Olaer. http://www.olaer.com.au

[18] Teconasa. http://www.teconasa.com/

[19] Técnica Oleohidráulica. http://www.tecnicaoleohidraulica.com

[20] Sapiensman. http://www.sapiensman.com

[21] Vacuum Industrial. http://www.industrialvacuum.com

[22] Stern Hidráulica. http://www.sternhidraulica.com

[23] Accumulators, Inc. http://www.accumulators.com/

[24] Tobul. http://www.tobul.com/

Glosario

A Inicial empleada para expresar área o superficie.

Absoluta Medida que tiene su base o punto cero en la ausencia completa de la magnitud que está siendo medida.

Absorción Atracción y retención de partículas por un medio filtrante.

ACFM Unidad de medición del caudal de aire (Actual Cubic Feed per Minute).

ACFTD Polvo natural usado para realizar pruebas de filtros (Air Cleaner Fine Test Dust).

Acoplamiento elástico Elemento mecánico para la unión entre ejes, capaz de absorber ciertas fuerzas radiales.

Acoplamiento, filtros Elastómero o junta plástica usada para unir varios cartuchos entre si.

Actuador Dispositivo que convierte la energía hidráulica en energía mecánica.

Actuador lineal El que transforma la energía oleohidráulica en una fuerza con movimiento lineal (cilindro).

Actuador rotativo Igual al anterior, pero con movimiento rotativo (motor oleohidráulico).

Acumulador Recipiente en el que se almacena fluido a presión para ser utilizado como fuente de energía oleohidráulica.

Aditivo Componente o componentes químicos que se añaden al fluido para cambiar sus propiedades.

Aire comprimido Aire a cualquier presión superior a la presión atmosférica.

Aire estándar Aire a 68° F de temperatura, 14,7 psi de presión absoluta y humedad relativa del 36 %.

Aire libre Aire bajo la presión a que le someten las condiciones atmosféricas, en un lugar específico.

Aire, receptor de Contenedor en el que se almacena gas presurizado como fuente de energía neumática.

Aire, respiradero de Un aparato que permite el movimiento y la circulación del aire entre la atmósfera y el componente en que está instalado.

Aireación Presencia de aire en el fluido hidráulico. Una aireación excesiva produce la formación de espuma en el fluido, y puede causar el funcionamiento irregular de los componentes debido a la compresibilidad de éste.

Amortiguador Aparato destinado a eliminar o reducir las puntas de presión en un circuito oleohidráulico.

Amplificador Dispositivo que amplifica la señal de error, en la salida, lo suficiente como para originar variaciones en el sistema de control de movimiento de un actuador.

Amplitud de sonido Es la intensidad acústica de un ruido.

Anilina, punto de Ver punto de anilina.

Anillo antiextrusión Anillo que reduce la tolerancia para minimizar la extrusión de la junta.

Área anular (O sección anular). Área con forma de anillo. Normalmente se refiere al área efectiva en el lado del vástago de un cilindro.

Atmósfera técnica Unidad de medida de presión, equivale a 1,013 Pa.

Bar Unidad de presión $= 1$ kg/cm^2 $= 14,5$ psi.

Barrilete Bloque de pistones de una bomba o motor de pistones axiales.

Bernouilli, ley de La energía debida a la presión y la velocidad de un líquido en circulación permanece constante en todos los puntos de la corriente (si no se consideran las fricciones internas, y éste no realiza ningún trabajo).

Bloque Sistema de montaje de elementos sobre una placa (bloque) en cuyo interior se han perforado los conductos necesarios para la circulación del fluido para la función a realizar.

Bomba Elemento que convierte la fuerza y el movimiento mecánico en potencia oleohidráulica del fluido.

Boyle, ley de La presión absoluta de una masa constante de gas es inversamente proporcional a su volumen, si la temperatura permanece constante.

Brazo de palanca Principio de física por el cual se consigue un aumento de la fuerza de salida al disminuir la distancia a que se aplica.

Brida Sistema de conexión plana entre elementos.

Bubble point Prueba no destructiva para el control de calidad de los filtros.

Bulle, módulo de Resistencia a la compresibilidad del fluido. Recíproco de la compresibilidad.

By pass (derivación) Pasaje secundario para el caudal de un fluido.

Caballo de vapor Unidad de potencia. Es la potencia necesaria para elevar 75 kp a una altura de un metro en un segundo (1 CV = 75 kp m/s = 0,736 kW).

Caída de presión (Pérdida de carga). Diferencia de presiones entre dos puntos de un sistema o componente.

Calderón Ver receptor de aire.

Calor Es una forma de energía capaz de variar la temperatura de una sustancia.

Caloría Unidad de calor. Es la cantidad de calor necesaria para elevar la temperatura de un gramo de agua en un grado centígrado (de 14,5°C a 15,5°C).

Canal Pasaje para el fluido cuya longitud es muy grande con relación a su sección transversal.

Canalización Efecto físico por el cual un fluido tiende a pasar a través de aquel canal de mayor sección o que le ofrezca menor resistencia al paso.

Capilar Tubo largo con diámetro interior inferior a 100 micras (L»D).

Carga estática Altura de una columna de líquido, respecto a un punto determinado, expresada en unidades de longitud. Suele indicar una presión manométrica.

Carrera Longitud de trabajo de un cilindro.

Cartucho Parte del filo en que está contenido el elemento filtrante. Tipo de válvulas diseñadas para ser instaladas en el interior de un bloque. Conjunto que comprende los elementos de la unidad impulsora de una bomba o motor de paletas o pistones.

Caudal Volumen o masa de fluido que pasa por una conducción por unidad de tiempo. La unidad más empleada en la práctica es el litro por minuto.

Caudalímetro Aparato para medir el caudal total, instantáneo o una combinación de ambos.

Cavitación Condición gaseosa localizada en una corriente líquida que ocurre cuando la presión de éste es inferior a su tensión de vapor.

cc Iniciales empleadas para expresar cubicaje o volumen (centímetros cúbicos).

Central oleohidráulica Grupo transmisor de potencia oleohidráulica, compuesta normalmente por un accionador primario (motor eléctrico), una bomba, el depósito del fluido y conjunto de válvulas.

Charles, ley de El volumen de una masa fija de gas varía en forma directamente proporcional con la temperatura absoluta, si la presión permanece constante.

Chicle Pieza con un orificio interno calibrado que produce un estrangulamiento. Se usa para reducir el caudal en las líneas de pilotaje de las válvulas de cartucho o simplemente como regulador de caudal fijo en aplicaciones concretas.

Ciclo Operación completa y simple compuesta por varias fases sucesivas que empiezan y terminan en una posición neutral.

Cilindrada Véase desplazamiento.

Cilindro Elemento que transforma la energía hidráulica o neumática en fuerza y movimiento lineal, o viceversa.

Cilindro amortiguador Cilindro en cuyo interior se han construido amortiguadores que restringen el caudal de salida a partir de una cierta posición del embolo, lo que resulta en una reducción de la velocidad de movimiento del vástago en la zona final del desplazamiento.

Cilindro buzo Cilindro de simple efecto en el que el pistón es el mismo vástago.

Cilindro de doble efecto Cilindro en el que la fuerza del fluido puede aplicarse en ambos sentidos del elemento móvil.

Cilindro de simple efecto Cilindro en el que la fuerza del fluido se aplica solamente en una dirección del elemento móvil.

Cilindro telescópico Cilindro con múltiples secciones tubulares que proporcionan una carrera muy larga en un cuerpo que al retraerse es muy corto.

Cilindros en tándem Dos o más cilindros con los pistones interconectados mecánicamente.

Circuito Trayectoria completa de un sistema oleohidráulico, incluido el dispositivo generador de caudal.

Circuito abierto Circuito en el que el caudal de la bomba, después de haber circulado por los elementos, retorna al depósito.

Circuito cerrado Circuito en el que el caudal de la bomba, después de haber circulado por los elementos, retorna directamente a la entrada de la bomba..

Circuito de puesta en vacío Circuito en el que el caudal de la bomba se dirige hacia el depósito, sin presión, cuando este caudal no es necesario para el sistema.

Circuito diferencial o regenerativo Circuito en el que el fluido con presión descargado por un componente, se devuelve al sistema. Normalmente se aplica en cilindros donde el caudal de descarga procedente de la sección anular se dirige hacia la sección principal, se combina con el caudal procedente de la bomba y aumenta la velocidad de extensión.

Circuito piloto Circuito empleado para controlar un circuito principal o algún componente.

Circuito servo Circuito controlado por realimentación (feedback) automática. La salida del sistema es controlada o medida y es comparada con la señal de entrada. Este control tiende a minimizar el error entre ambas señales.

Circulación laminar Forma de circulación de un líquido en la cual éste se mueve en capas paralelas o láminas.

Circulación turbulenta Forma de circulación de un fluido en la que éste se mueve de forma no laminar.

Codo Conector que forma ángulo entre dos conducciones que se unen. Salvo especificación en sentido contrario, el ángulo es de 90°.

Colador Aparato destinado a retener partículas contaminantes de gran tamaño; normalmente está construido con una tela metálica. También puede definirse como un filtro basto.

Colector de retorno Línea de retorno de fluido en la que convergen los distintos retornos de los componentes.

Colmatación Obstrucción de los poros de un filtro causada por la retención de partículas.

Componente Elemento simple de un circuito o sistema oleohidráulico.

Compresibilidad Variación de la densidad de un fluido cuando es sometido a presión..

Compresor Aparato que convierte la fuerza y el movimiento mecánico en potencia neumática.

Compresor de varias etapas Compresor con dos o más fases de compresión en el que la descarga de cada una alimenta a la siguiente, en serie.

Contaminante Cualquier sustancia no deseable que contenga el fluido.

Contrapresión Presión existente en la línea de retorno a tanque, creada por los elementos intermedios y la propia tubería.

Control Dispositivo utilizado para regular el funcionamiento de una unidad.

Convertidor de par Acoplamiento oleohidráulico rotativo capaz de multiplicar el par del motor.

Corredera Término aplicado indiscriminadamente a cualquier pieza móvil, de forma cilíndrica, que se mueva dentro de un alojamiento; normalmente utilizada para dirigir el caudal a través del elemento.

Cruz Conector con cuatro orificios en forma de cruz.

D Inicial empleada para expresar diámetros.

Delimitación de un montaje Rectángulo dibujado alrededor del símbolo gráfico de uno o varios componentes para indicar los límites de un montaje.

Densidad Relación entre la masa y el volumen de un elemento.

Depósito Recipiente destinado al almacenamiento de un líquido.

Derivación Véase by-pass.

Descarga Véase circuito de puesta en vacío.

Descompresión Acto por el que se reduce gradualmente la presión de una línea o elemento.

Desplazamiento Volumen de líquido que pasa a través de una bomba, motor, o cilindro en una sola revolución o carrera.

Desplazamiento positivo Característica de una bomba o de un motor cuyos orificios de entrada y salida están incomunicados entre sí, evitando que el líquido pueda recircular dentro del elemento.

Drenaje Pasaje de un componente oleohidráulico, o procedente de éste, por el que el caudal de fugas y descompresiones retorna directa e independientemente al depósito.

Elemento filtrante Elemento poroso que realiza el proceso de filtración.

Empaquetadura Elemento de estanqueidad compuesto por uno o varios elementos deformables comprimidos. Normalmente se les aplica una compresión axial para obtener una estanqueidad radial.

Enchufe rápido Acoplamiento que permite la rápida unión o separación de líneas.

Energía Capacidad para realizar un trabajo.

Energía cinética Energía que tiene un sólido o un fluido en función de su masa y velocidad.

Equilibrio hidráulico Caso en que fuerzas hidráulicas iguales y opuestas actúan sobre una parte de un componente oleohidráulico.

Estrangulamiento En una conducción, es una restricción de poca longitud comparada con su sección transversal. Permite el paso de un caudal restringido; se utiliza para controlar el caudal o para crear una determinada pérdida de carga en la línea.

F Inicial empleada para expresar fuerzas.

Filtrabilidad Propiedad del fluido que define el comportamiento de éste ante el filtro.

Filtración absoluta Denominación del grado de filtración de un elemento filtrante. Corresponde al diámetro de la mayor partícula esférica, dura e indeformable, que pasará a través de éste, bajo condiciones especificas.

Filtro Aparato cuya función principal es la retención en un medio poroso de los contaminantes insolubles de un fluido.

Flash point Véase punto de ignición.

Fluídica Rama de la ingeniería que abarca el uso de los fenómenos dinámicos de un fluido para medir, controlar, procesar la información, y/o actuar.

Fluido Un líquido o gas.

Fluido ininflamable Fluido difícilmente combustible y con poca capacidad de transmisión de la llama.

Frecuencia Número de veces por unidad de tiempo que se repite una acción.

Fuerza Cualquier causa que tienda a producir o modificar el estado de reposo o movimiento.

Gravedad específica Es la relación entre el peso de un volumen determinado de líquido y el peso del mismo volumen de agua.

Hidráulica Ciencia que trata de las presiones y los caudales de los líquidos.

Hidrocinética Ciencia que trata de la energía de los líquidos en movimiento.

Hidrodinámica Ciencia que trata de la energía del caudal (movimiento) y la presión de un líquido.

Hidroneumática Ciencia que trata de la combinación de las potencias hidráulica y neumática.

Hidrostática Ciencia que trata de la energía de los líquidos en reposo.

Índice de viscosidad Medida de las características viscosidad temperatura de un fluido referida a la viscosidad de dos fluidos de referencia arbitrarios (ASTM D567 53).

Inhibidor Cualquier sustancia que evita o reduce reacciones químicas como la oxidación o la corrosión.

Intensificador Aparato que convierte la baja presión en alta presión (multiplicador).

Intercambiador de calor Aparato que transfiere el calor, de un fluido a otro, a través de un medio divisor.

Junta Elemento destinado a prevenir o controlar el escape de un fluido o la entrada de materiales ajenos en circuitos oleohidráulicos.

Junta tórica Elemento de estanqueidad de sección cilíndrica.

L Inicial empleada para expresar longitudes.

Línea Tubo, tubería o manguera flexible que actúa como conductor de un fluido.

Línea de aspiración Línea oleohidráulica que conecta el depósito con la entrada de aspiración de la bomba.

Línea de presión Línea oleohidráulica que conecta la salida de presión de la bomba con el orificio presurizado del actuador.

Línea de retorno Línea oleohidráulica que conecta la salida del actuador con el depósito.

Lubricador Aparato que añade cantidades controladas de lubricante en un sistema.

Lubricante Fluido, generalmente aceite de base mineral, que forma una película entre las superficies para evitar el contacto directo entre las mismas.

M Inicial empleada para expresar par motor.

Manifold Conductor que ofrece muchos orificios internos de conexión.

Manómetro Dispositivo destinado a la medida de presiones.

Margen de supresión Diferencia entre la presión de apertura de una válvula y la presión alcanzada cuando pasa a través de ella todo el caudal.

Medio filtrante Elemento poroso contenido en el cartucho filtrante, que realiza la operación de filtración. Puede ser de profundidad o superficial.

Micra Millonésima parte del metro o milésima parte del milímetro.

Motor de cilindrada fija Motor en el que el desplazamiento por revolución no puede ser variado.

Motor de cilindrada variable Motor en el que el desplazamiento por revolución puede variarse.

Motor oleohidráulico Aparato que transforma la energía oleohidráulica en energía mecánica con movimiento rotativo.

Motor par Dispositivo electromagnético formado por bobinas y circuito magnético empleado en las servoválvulas.

Movimiento alternativo Movimiento de vaivén en línea recta.

Movimiento browniano Movimiento en zigzag a que están sometidas las partículas en medios fluidos.

Multipass Test destructivo que simula las condiciones reales de trabajo y mide la eficiencia del filtro.

N Inicial empleada para expresar potencia.

Neumática Ciencia que trata de las presiones y caudales de los gases.

Newt Unidad de viscosidad cinemática en el sistema inglés.

Núcleo Parte central, generalmente maciza, de un elemento.

Numero de neutralización Una medida de la acidez o basicidad total de un aceite, incluidos las bases y los ácidos orgánicos e inorgánicos (designación ASTM D974 58T).

Obturador Elemento de ciertas válvulas que impiden el paso del caudal cuando queda ajustado en su asiento.

Orificio Final interno o externo de un pasaje en un componente oleohidráulico.

P Inicial empleada para expresar presión.

Par Fuerza giratoria.

Pasaje Conducto mecanizado que pasa a través de un elemento oleohidráulico para permitir el paso del fluido.

Pascal, principio de La presión aplicada a un líquido confinado se transmite en todas direcciones, y ejerce fuerzas iguales sobre áreas iguales.

Pistón Pieza de forma cilíndrica que se ajusta dentro de un cilindro y transmite o recibe un movimiento mediante el vástago conectado a la misma.

Placa base Montura auxiliar para un componente hidráulico que ofrece un medio de conectar las tuberías al componente.

Poise Unidad estándar de la viscosidad absoluta en el sistema c.g.s.

Poro Agujero del medio filtrante a través del cual circula el fluido.

Potencia Trabajo por unidad de tiempo.

Potenciómetro Elemento que mide y controla un potencial eléctrico.

Presión Fuerza por unidad de área. En la práctica se mide en kg/cm^2 o bar.

Presión absoluta La suma de la presión atmosférica y la manométrica, es decir, la escala de presión donde el punto cero es el vacío absoluto.

Presión atmosférica Presión ejercida por la atmósfera en un lugar determinado. Al nivel del mar es aproximadamente de I kg/cm^2.

Presión de abertura Presión a la que una válvula, accionada por presión, empieza a permitir el paso del fluido.

Presión de carga Presión del gas comprimido en un acumulador antes de llenarlo de fluido.

Presión de prueba Presión alcanzada por encima de la recomendada en un ensayo no destructivo.

Presión de trabajo La presión que vence la resistencia del elemento de trabajo.

Presión de trabajo del sistema Presión tarada a la que trabaja el sistema.

Presión del sistema Presión que vence todas las resistencias del sistema. Incluye las necesarias para realizar el trabajo útil así como las pérdidas por rozamientos.

Presión diferencial La diferencia de presiones entre dos puntos cualesquiera de un sistema o de un componente.

Presión manométrica Presión diferencial respecto de la atmosférica.

Presión piloto Presión auxiliar utilizada para accionar o controlar los componentes oleohidráulicos.

Presión recomendada La presión de trabajo recomendada para un elemento o un sistema por su fabricante.

Presostato Interruptor eléctrico accionado por la presión del fluido.

Presurizar Aplicar una presión superior a la atmosférica.

Puerto 0 orificio Terminal interior o exterior de un pasaje de un componente.

Punta de presión Aumento instantáneo de la presión de un circuito, que se presenta en una onda que se mueve a velocidad supersónica.

Punto de anilina La más baja temperatura a la que un volumen determinado de líquido es totalmente miscible con un volumen igual de anilina recién destilada (ASTM D611 SST).

Punto de ignición Temperatura a la que debe calentarse un fluido, bajo condiciones específicas, para que produzca suficiente vapor y, una vez mezclado con el aire, formen una mezcla que pueda arder espontáneamente al aplicarle una llama específica.

Purga Aparato par eliminar el fluido presurizado.

Q Inicial empleada para expresar caudales.

R Inicial empleada para expresar radios.

Reductor Un conector que tiene la salida de menor tamaño que la entrada.

Refrigerador Intercambiador de calor utilizado para extraer el calor de un fluido oleohidráulico.

Régimen laminar Ver circulación laminar.

Régimen turbulento Ver circulación turbulenta.

Regulación a la entrada Acción de regular la cantidad de fluido que entra en un accionador o sistema.

Regulación a la salida Acción de regular la cantidad de fluido que sale de un accionador o sistema.

Regulador de caudal Aparato que se utiliza para regular la cantidad de fluido que circula por él.

Regular Acción de controlar la cantidad de fluido.

Rellenar Acción de volver a llenar para mantener un determinado nivel (ej. rellenar el depósito).

Rendimiento Relación entre la salida y la entrada, o entre los valores teóricos y los reales. El rendimiento se expresa normalmente en porcentajes.

Restrictor Reducción de la sección transversal de una línea o pasaje que produce una caída de presión o una reducción del caudal.

S.C.F.M. Unidad de medición del caudal de aire (Standard Cubic Feed per Minute).

Secuencia Orden de una serie de operaciones o movimientos.

Señal Mando o indicación de una posición o velocidad deseadas.

Servocircuito Circuito controlado con realimentación automática (ej. la salida).

Servoválvula Válvula que controla la dirección y cantidad de fluido proporcionalmente a una señal de entrada.

Silenciador Aparato destinado a reducir el ruido del caudal de gas.

Store Unidad de viscosidad cinemática en el sistema c.g.s.

T Inicial empleada para expresar trabajo.

t Inicial empleada para expresar tiempo.

Tacómetro Dispositivo que genera una señal, en corriente alterna o continua, proporcional a la velocidad a la que se le hace girar.

Tanque Véase depósito.

Te Conector con tres orificios, dos sobre un eje y el tercero en perpendicular a este eje.

Trabajo Aplicación de una fuerza en una distancia determinada. Se mide en unidades de energía.

Tubo o tubería Conductor rígido en el que su medida viene determinada por su diámetro externo.

Turbina Dispositivo giratorio que actúa por el impacto de un fluido, en movimiento, contra sus alabes o paletas.

Unión Conector que permite que dos líneas se junten o se separen sin necesidad de hacerlas girar.

V Inicial empleada para expresar volúmenes.

v Inicial empleada para expresar velocidades.

Vacío Presión inferior a la atmosférica. Se expresa normalmente en milímetros de columna de mercurio (mm Hg).

Válvula Aparato que sirve para controlar la dirección, la presión o el caudal de un fluido.

Válvula antirretorno Válvula de control direccional que permite el paso del fluido en una sola dirección.

Válvula de cierre Válvula que funciona totalmente abierta o totalmente cerrada.

Válvula de control direccional Válvula cuya función primordial es la de dirigir o impedir el paso del caudal a través de los orificios seleccionados.

Válvula de cuatro vías Válvula de control direccional cuya función primordial es la de conectar alternativamente con la entrada de presión y con la salida hacia el depósito, los dos orificios de trabajo de un sistema o componente.

Válvula de deceleración Válvula de control de caudal que reduce éste de forma proporcional para producir una deceleración.

Válvula de descarga Válvula cuya misión primordial es la de enviar el fluido hacia el depósito cuando se alcanza y mantiene una presión determinada en su línea de pilotaje.

Válvula de descompresión Válvula de control de presión que controla la velocidad a la que, la energía contenida en un fluido comprimido se reduce.

Válvula de dos vías Válvula de control direccional con dos pasos distintos para el fluido.

Válvula de equilibraje Válvula de control de presión que mantiene una contrapresión para impedir el descenso, por gravedad, de una carga vertical.

Válvula de prellenado Válvula que permite el paso directo (por gravedad) del fluido del depósito hacia un cilindro durante parte de su ciclo de avance. Permite que se pueda aplicar la presión de trabajo durante el ciclo de trabajo, y permite el retorno libre del fluido al depósito, desde el cilindro, durante el ciclo de retorno.

Válvula de secuencia Válvula cuya función primordial es la de dirigir el caudal en una secuencia predeterminada. Desvía el caudal hacia un sistema secundario mientras mantiene una presión mínima predeterminada en el sistema primario. Esta válvula es accionada por la presión del fluido.

Válvula de seguridad Válvula accionada por presión cuya función primordial es la de limitar la presión del sistema.

Válvula de selección de pilotaje Válvula de conexión que selecciona uno de entre dos o más circuitos debido a los cambios de presión o de caudal entre los circuitos.

Válvula de tres vías Válvula de control direccional cuya misión primordial es la de, alternativamente, presurizar y descargar un orificio de trabajo.

Válvula divisora de caudal (divisor) Válvula que divide el caudal de una sola fuente en dos o más ramales.

Válvula divisora de caudal compensada por presión Válvula divisora que divide el caudal en relaciones fijas independientemente de las distintas resistencias que le ofrezcan los ramales.

Válvula piloto Válvula auxiliar utilizada para controlar la operación de otra válvula. Válvula de mando de una válvula de dos pasos.

Válvula reductora de presión Válvula de control de presión cuya misión primordial es la de limitar la presión a su salida, con independencia de la presión de entrada.

Válvula reguladora de caudal Válvula que controla el caudal.

Válvula reguladora de presión Válvula de control de caudal que realiza su función con independencia de caudal compensada por la presión del fluido.

Válvula reguladora de temperatura Válvula de control de caudal que realiza su función con independencia de caudal compensada por la temperatura del fluido.

Válvula seguidora Válvula de control de caudal que dirige el fluido hacia un actuador de forma tal que el movimiento resultante sea proporcional al movimiento de entrada de la válvula.

Vástago Pieza de forma cilíndrica, de diámetro constante, que se utiliza para transmitir un empuje.

Venting Poner en descarga un caudal despresurizando.

Viscosidad La medida de la fricción interna o la resistencia que ofrece un fluido a fluir.

Volumen Capacidad de un espacio o cámara expresado en unidades cúbicas.

www.ingramcontent.com/pod-product-compliance
Lightning Source LLC
Chambersburg PA
CBHW081110170526
45165CB00008B/2392